完全手绘

建筑手绘表现

李 响——著

U0332257

南京师范大学出版社
NANJING NORMAL UNIVERSITY PRESS

图书在版编目（CIP）数据

完全手绘·建筑手绘表现 / 李响著 . -- 南京：
南京师范大学出版社，2019.11
（设计专业手绘表现丛书）
ISBN 978-7-5651-2790-8

Ⅰ . ①完… Ⅱ . ①李… Ⅲ . ①建筑画 - 绘画技法
Ⅳ . ① TU204.11

中国版本图书馆 CIP 数据核字（2019）第 226722 号

书　　　名	完全手绘·建筑手绘表现
丛 书 名	设计专业手绘表现丛书
著　　　者	李　响
策划编辑	何黎娟
责任编辑	杨　洋
出版发行	南京师范大学出版社有限责任公司
地　　　址	江苏省南京市玄武区后宰门西村 9 号（邮编：210016）
电　　　话	（025）83598919（总编办）　83598412（营销部）　83373872（邮购部）
网　　　址	http://press.njnu.edu.cn
电子信箱	nspzbb@njnu.edu.cn
照　　　排	南京凯建图文制作有限公司
印　　　刷	江苏凤凰通达印刷有限公司
开　　　本	889 毫米 ×1194 毫米　1/16
印　　　张	9.5
字　　　数	105 千
版　　　次	2019 年 11 月第 1 版　2019 年 11 月第 1 次印刷
书　　　号	ISBN 978-7-5651-2790-8
定　　　价	49.00 元

出 版 人　彭志斌

序 —— Preface

　　李响是东南大学成贤学院的一位青年教师，也是我所知道的在南京市乃至江苏省范围内手绘表现图画得非常出色的设计师。近年来，李响编写了一本《建筑手绘表现》教材，这是一本严谨、实用的建筑手绘技法教材。

　　虽然计算机辅助技术日益发达，但设计师依旧不能脱离最原始的徒手绘图，因为手绘的图纸承载得起无拘无束、无穷无尽的思维和灵感，同时手绘的高效性是当今任何表现手段都无法企及的。

　　工作实践让许多设计师认识到：手绘是设计从业者的一种重要的绘图技能。同时，手绘也需要有绘画和设计的基础，优秀的手绘作品需要日积月累的不断历练。李响是一名教育工作者，又是一位才华出众的设计师，他深知教学的科学规律和重要性。在这本书中，李响通过手绘教学向读者传递这样一个理念：在设计中，应清清楚楚、明明白白、工工整整地把建筑画好。

　　近些年，很多年轻人在手绘中存在着"急于求成""凭感觉""炫技法"的不良风气，并曲解了设计手绘表现的本意，导致出现手绘图面不准确、不到位，甚至不现实。《建筑手绘表现》的著者，多年从事高校建筑设计、景观设计、室内设计的手绘教育工作，一直不断地进行手绘的创作和技法的钻研。作为我的学生，他秉承了"严谨、求实"的工作态度，重视建筑手绘表现的光影关系、透视原理、色彩搭配，紧密联系建筑专业领域所涉及的空间、构造、材料和肌理；身为高校教师，他依照自己多年来的手绘教学经验，合理编排教学体系，通过多媒体技术立体化演示手绘技法。我认为，本教材有理论知识，有技法表现和实际案例，对于高校学生和年轻设计师学习手绘具有很好的参考价值。

高祥生

东南大学建筑学院教授、博士生导师

江苏省人民政府参事

全国有成就资深室内建筑师

前言

—— Foreword

本教材适用于建筑设计、景观设计等相关专业，通过构建和总结科学、严谨、系统的训练模式和绘图方法，循序渐进地引导初学者提高手绘表现能力。市场上的手绘教材良莠不齐，且多数都过分侧重于建筑手绘图面的效果表现，而忽视了建筑空间构造的严谨、准确，这导致很多初学者忘记了支撑起画面的根本的要素是什么。虽然有些教材对绘图步骤的示范很细致，但相较于真实的教师示范还是有不够直观或者视频演示速度过快的劣势，效果也不乐观。本教材编写的着眼点，就是解决上述问题，让学生在直观、全面地学习并熟练运用手绘技法的同时，把握住建筑的空间、结构、材质，"戒骄戒躁"地将表现图画准确、画到位、画真实。

这本《完全手绘·建筑手绘表现》主要有以下特色和创新点：

一、立体化的教材编写构架。著者深入研究了高校课堂教学的特点和学生的建筑手绘实践过程，力求书中的每一个示范案例图都经得起推敲，并为关键图配备常态的示范视频。视频的演示依托二维码链接，可以即时通过手机等移动终端联网获取，扩大手绘教学课堂的延展性，便于学习者课后继续巩固课堂知识，训练的过程中可以实时参照、反复观看教学示范。这种立体化、全方位的教材编写，具有很强的实用价值。

二、符合应用型人才培养模式。教材利用图文并茂的形式，将原理解析透彻，直观展现原理的形成和原理的应用。依照建筑专业的从业导向，细致讲授手绘技巧在实际工作中的运用，也为学习者的应试和深造提供一套科学、合理的训练指南。

三、合理编排教学进度，符合教学规律和认知规律。教材的编写层次分明，以原创为主，由易到难。符合高校建筑专业的手绘教学进度，确保学习者易于理解、易于掌握、易于实践。精心编排知识点，阐述科学的训练模式，让学习者稳步提高手绘水平。

目录
————
Contents

第三章　建筑的配景画法

第六章 建筑手绘表现的分步解读

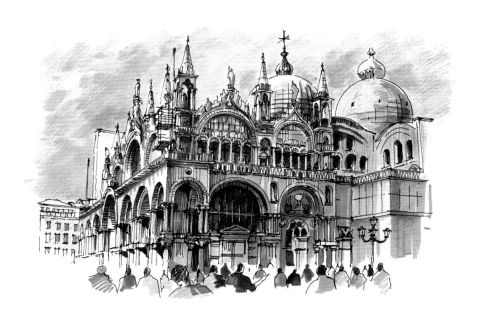

1st

CHAPTER

建筑手绘表现的

初步认知

一、建筑手绘表现的基本特征

建筑手绘表现是利用手绘的方式，对建筑的设计思维或建筑的实体形态进行视觉效果的传达与表现，同时，也是建筑设计相关专业的从业者及研究者必须熟练掌握的一项基本专业技能。它集逻辑性、准确性、艺术性和实用性于一体，是一种迅速而有效的建筑设计沟通手段。

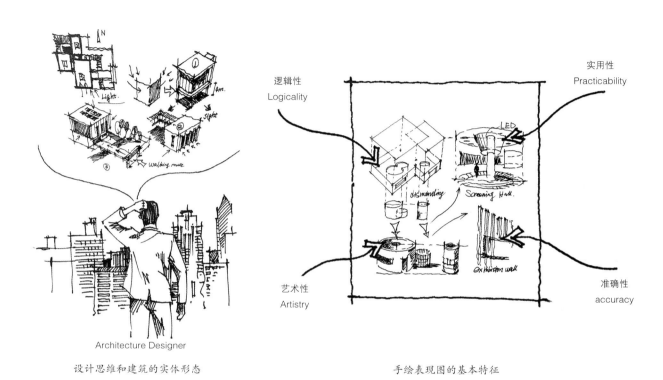

设计思维和建筑的实体形态　　　　　　　　　　　　手绘表现图的基本特征

1. 逻辑性

建筑的手绘表现要遵照一定的逻辑关系和次序。绘图者在绘制之前，必须要经历建筑方案的设计构思或对实体建筑深入感知的过程，从内部功能的划分到外部立面的呈现都来不得半点主观臆断。接下来，要遵循几何透视的逻辑关系，进行空间的组合与搭建。完成空间的搭建之后，方可进行墙体、门、窗、台阶、屋面等细节的刻画。最后，搭配光照和大气环境，才能形成整体的图面效果。

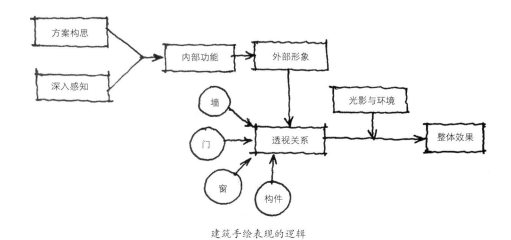

建筑手绘表现的逻辑

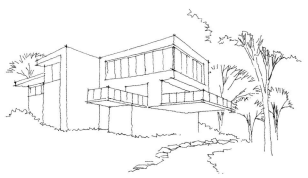

第一步，遵循几何透视的逻辑关系构建空间。　　　　　　　　　第二步，进行细节的刻画，加入光影的成分。

第三步，丰富环境元素，烘托画面氛围。

建筑手绘表现的逻辑性案例一

第一步，遵循几何透视的逻辑关系构建空间。

第二步，描绘建筑构造，刻画细节。

第三步，搭配光照和大气环境，完成绘图。

建筑手绘表现的逻辑性案例二

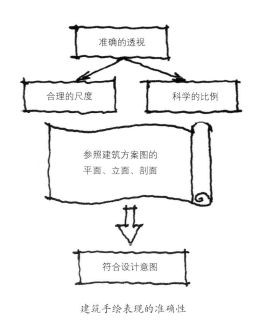

建筑手绘表现的准确性

2. 准确性

建筑的手绘表现要确保其准确性和精度。与一般的艺术创作不同，建筑手绘一定要按照科学合理的尺度、比例关系，在较为精准的透视框架中进行。特别是建筑设计方案效果的表达，要参照建筑方案的总平面图、各层平面图、立面图、剖面图，同时考虑建筑装饰材料的运用和搭配，以忠于设计者的设计意图并符合工程实际面貌。

3. 艺术性

建筑的手绘表现要体现一定的艺术性。在保证逻辑性和准确性的同时，它还需吸取一定的艺术表现原理，如明暗关系的处理方法、构图方法、视觉中心的选取技巧、图面的详略处理技巧、色彩的搭配方法、明度的控制技巧等，以达到画面的美观大方。与素描相比，建筑手绘的线稿更为凝练和概括；与水彩相比，建筑手绘的色彩更为简要和直接。

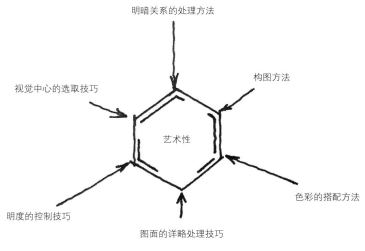

建筑手绘表现的艺术性

4. 实用性

建筑的手绘表现具有很强的实用性。在科学技术发达的今天，不论是建筑的设计创作还是实体再现，手绘表现仍是无法取代的表现手段，从大脑到手中画笔再到纸面的高效传递，是当今计算机辅助技术无法达到的。建筑方案的诞生源于设计师大脑中的设计构想，在灵感迸发的一瞬间，唯有拿起笔和纸，才能将它捕捉，快速形成设计草图；在大浪淘沙的社会竞争中，不论是高校的设计类研究生入学考试、注册建筑师资格考试，还是企事业单位的竞聘选拔，都以短时的建筑手绘创作为依据来评判应试者的设计水平；在学习过程中，手绘可作为深入认识经典建筑设计案例的重要手段，仔细观察、分析并翔实描绘建筑实体的过程，也是将建筑设计原理融会贯通的过程。因此，建筑的手绘表现，既可以用作设计灵感的记录、方案创作的表达，还是学习和理解建筑设计原理的有效方法。

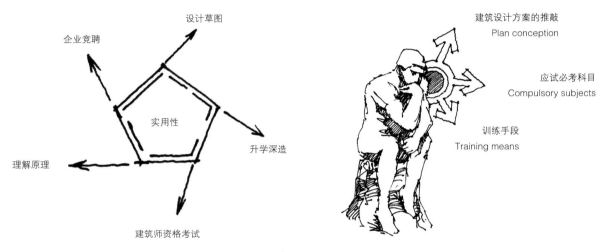

手绘表现的实用性

二、学习建筑手绘表现的意义

一位具备良好专业素养的设计师，除了要掌握建筑设计的原理和方法，还应当具备现场徒手画图表现思路的能力。很多时候，比起单一的语言描述，一张图更直观、更易于让人理解。建筑手绘表现不是表达设计思维的唯一途径，但它是最迅速、最直接的途径。

建筑手绘表现作为设计师的必备技能，它的优劣可以直接反映出设计师专业水平的高低。在方案推敲的过程中，它扮演了方案标记、记录、更改、弥补的重要角色，直接关系到设计者的方案进度以及最终的成果呈现。

建筑手绘表现是高等院校、用人单位录用人员的主要考查科目，所有应试者、竞聘者都应当将其视作重点学习内容。

建筑手绘表现本身就是一种训练手段。在表现的过程中，我们对建筑体的观察、分析、思考，动手去画、去丈量，比对、修整、补充，这些都是对建筑体的揣摩和直观感受。在这样的过程中，我们会潜移默化地接受并理解很多书本上的文字未能描述的知识。立足于长远来看，这样的训练是必不可少的。

欧洲建筑手绘表现掠影

三、建筑手绘表现的工具和材料

"工欲善其事，必先利其器"，从建筑手绘表现图的构成来看，包括两个主要元素：线稿和颜色，与之对应的绘画工具便是勾线工具和上色工具。下面将分别介绍两类工具，以及纸张的特性和用法。

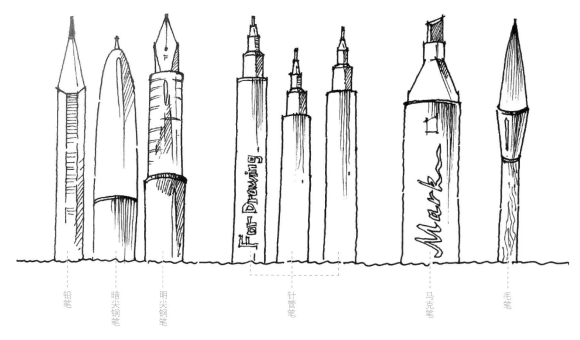

建筑手绘表现常用工具

1. 勾线工具

针对目前的建筑手绘考查要求而言，先用铅笔定草稿，再用钢笔或针管笔勾墨线、上明暗，这是最合适的表现形式，不失真，也最利于保存。

① 铅笔

由于可塑性和表现力极强，使用方便，铅笔是最常用的绘图工具。铅笔的笔芯依据软硬度和深浅度分成"H"硬铅、"B"软铅，绘图常用的铅笔型号为 HB、B、2B、3B、4B、5B 和 6B。其中，HB、B、2B 这三种型号的铅笔颜色较浅，常用作打形、定透视线、绘制轮廓草稿等，3B～6B 的铅笔颜色越来越深，常用来绘制画面的灰、黑部。

在使用任意一种型号的铅笔的时候，都可以依据手上力度的大小，画出若干深浅不同的线；也可利用排线的疏密、方向变化，使画面产生各种各样的质感。铅笔既可以用于绘制墨线稿之前的草稿，也可以直接用于线稿的绘制。

② 钢笔

钢笔在黑白灰关系的表达上更加纯粹和凝练，是墨线稿绘制的常规工具。黑白灰关系是通过钢笔墨线排列的疏密程度来体现的，密为黑，疏为灰，空为白。钢笔这类高度概括性的绘图工具，一定要在深思熟虑之后下笔，否则，一旦出现问题将很难修正。

常用的钢笔主要有以下两种类型，它们各有优缺点，因而在用途上略有不同。

两种钢笔类型

钢笔类型	优　点	缺　点	用　途
明尖（开敞曝露型笔尖）	笔尖的弹性好，可以通过用笔力度的大小使线条产生一定的粗细变化，易于清洗和打理	长时间曝露于空气或曝晒，笔尖会干墨，甚至堵塞	用于常规墨线的勾画，建议选配非碳素纯黑墨水，不易堵笔
暗尖（包裹隐蔽型笔尖）	笔尖隐蔽，保湿性较好	笔尖的弹性略差，不易产生线条的粗细变化，堵塞之后不易清洗和打理	用于常规墨线的勾画，建议选配非碳素纯黑墨水，不易堵笔

③ 针管笔

与钢笔相比，针管笔在笔尖粗细的划分上更加细致，画出的线条也更为稳定。针管的管径从 0.05mm～2.0mm 不等。工程制图规范中对线条的粗细有较为详细的规定，相对而言，建筑手绘表现至少应准备细、中、粗三种管径的针管笔，最常用的规格为 0.1mm、0.3mm、0.5mm。

针管笔常用规格

	型　号	特　征	用　途
	0.1mm	线条最细	勾画细部纹理 勾画细枝末节 画远景景物
	0.3mm	线条适中	勾画大部分轮廓线 明暗排线 画中景景物
	0.5mm	线条最粗	强化边线 突出明暗交界线 绘制投影

2. 上色工具

① 马克笔

马克笔是目前设计类专业较为常规的手绘上色工具，具有颜色清澈、易于叠加、着色性好、使用方便等特点。马克笔的选择面很广，初学者应当在熟知马克笔的特性之后，再进行大批量选购。

常用马克笔有两种类型：以酒精为调和剂的酒精马克笔，以甲苯类有机化合物为调和剂的油性马克笔，两者都可快速风干，并能进行同色系和不同色系的叠加使用，但油性马克笔的颜色较酒精马克笔更为稳定一些。常见的马克笔一般为双头的，基本用法见下图。

宽笔头 6mm
适用于填涂色

尖笔头 1mm
适用于勾线条

双头马克笔基本用法

马克笔表现示例

马克笔的色号主要分两大类：标准序列色号和非标准序列色号。标准序列色号的马克笔以三原色及三原色的调和色为命名的依据，由英文字母和数字组成。一般以颜色名称的英文大写首字母开头，如"R"开头的是红色系，"Y"开头的是黄色系，红色与黄色调配出的橙色系则是"YR"开头。进一步来看，紫色系中偏蓝一些的色号以"PB"开头，偏红一些的色号以"PR"开头；绿色系中偏黄一些的色号以"GY"开头，偏蓝一些的色号则以"GB"开头。另外，灰色系的色号一律包含"G"（Grey），它们是一套马克笔中不可或缺的重要组成部分。字母后面的数字用来表示颜色的深浅，数字越小，颜色越浅。纯黑色的色号为120。

一些马克笔厂家也对马克笔的色号进行了自主命名，由此，市面上出现了非标准序列号命名的马克笔，初学者可以直接按照该品牌马克笔的配套色卡进行比对选色。

建筑手绘的初学者，在挑选马克笔颜色的时候，应以灰色系为主，其他颜色的选用要注意饱和度不宜过高。具体使用方法将在第五章中详细介绍。

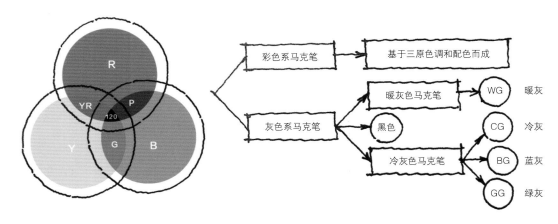

马克笔的色彩类型

② 彩铅

彩铅也是建筑手绘表现的常用工具之一，主要用于填色和质感、光感的表现，可单独使用或与马克笔搭配使用。与马克笔的颜色相比，彩铅的色调更柔和，操作难度低，还可以弥补马克笔上色的不足之处。常见的彩铅有蜡质彩铅、粉质彩铅和水溶性彩铅。在建筑手绘表现中，通常选用水溶性彩铅，主要是因为水溶性彩铅能够较好地和马克笔笔触融合，也可以用笔刷蘸水晕化彩铅的颜色，产生水彩的效果。

在绘制时，彩铅可以通过用笔的轻重缓急来表现各种层次和纹理。又由于彩铅的色感柔和，可以进行多层、多色的叠加和覆盖，产生细腻的色彩变化。唯一不足的是，彩铅填色耗时较长，颜色深化的进度较慢。

③ 水彩

水彩的颜色具有清透、明快、可叠加、易产生退晕等特点，填色的速度也较快。依据画笔所蘸水分的多少，水彩画可分为湿画法和干画法，二者都可以用来表现建筑。水彩还可以与马克笔、彩铅等工具配合使用。常见的水彩颜料呈管状或固体状，管状水彩颜料适用于大幅面铺色，固体水彩颜料因其便携性，适用于户外写生。此外，还需要准备粗、中、细三种型号的毛笔，以及调色盒、海绵、吸水性较好的水彩纸等。

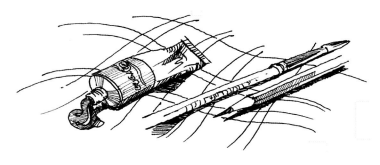

水彩工具

3. 纸张

① 复印纸

复印纸价格低廉，使用频率极高，是用途最为广泛的纸张，适用于写生、临摹、创作等。复印纸的克重规格为50g～200g，建筑手绘表现常用的克重规格为70g，大小为A4、A3，表面光洁即可。

② 草图纸、硫酸纸

草图纸和硫酸纸是透明度较高的纸张，都可以用作草稿、描图、图纸比对等。

③ 绘图纸

绘图纸主要用于工程制图和快题设计绘图，分为有边框和无边框两种类型，纸质厚实、耐磨、耐擦、不易变形，常用的有A2、A1、A0等几种幅面规格。

④ 网格纸、坐标纸

用于方案的构思、曲线的定位、尺寸的对照等。

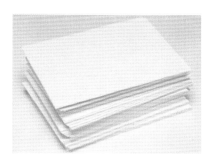

复印纸

硫酸纸

绘图纸

方格纸

⑤ 其他有色纸张

为了追求独特的画面效果，绘图者也可以使用牛皮纸、有色卡纸等进行手绘表现。

纸张类型及用途对比

纸张类别	用 途
复印纸	写生、临摹、草图、方案效果图等
草图纸	草图、描图、方案构思等，可以把图纸叠加进行比对
硫酸纸（质感较厚实）	类似于草图纸
绘图纸（A0、A1、A2 等）	快题设计、工程制图
网格纸或坐标纸	方案设计构思、计算
其他（有色纸张、特殊纹理纸张等）	追求画面特殊效果

2nd
CHAPTER

建筑手绘表现的
基本要素

一、线条

　　线条是构成建筑手绘表现图最基本的要素。线条是由点按照某一待定的方向和距离运动而产生的，因此有起点、终点，建筑手绘图中线条的起点、终点最好着重强调（见下图①）。多根线的组接和闭合会形成面，面的交接才能创造空间。线条与线条之间的交接位置，要用一定的出锋来强调（见下图②）。绘图者要能够按照自己的意图，控制线条的方向、长短，进而搭建成体块空间（见下图③④⑤⑥）。

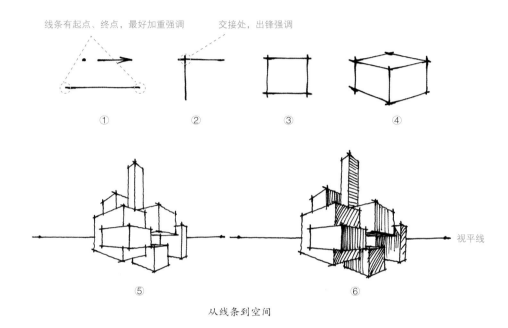

线条有起点、终点，最好加重强调　　交接处，出锋强调

①　　　　②　　　　③　　　　④

视平线

⑤　　　　　　　　⑥

从线条到空间

　　画常规线条的握笔姿势和正常书写的姿势基本相同，即拇指和食指捏住笔身、距离笔尖一寸，同时中指侧面抵住笔身，无名指呈自然弯曲状态依附于中指，小拇指作为稳定手部的支点，侧面贴服于纸面，笔身与低面呈45°角。

1. 线条的类型及其运笔方法

① 短直线

　　短直线一般是长度小于3cm的直线。绘制的时候，主要依靠手指运动带动笔尖，手腕关节基本上稳定不动。小拇指侧面贴服在纸面上，起到支撑作用。线条最好利用笔尖的回锋强调起点和终点。

画常规线条的握笔姿势

短直线主要用于刻画较短的轮廓线，也可以用来填充物体的暗部。

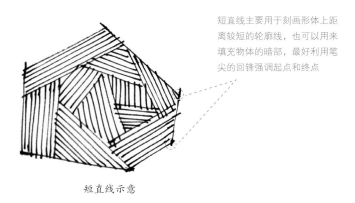

短直线主要用于刻画形体上距离较短的轮廓线，也可以用来填充物体的暗部，最好利用笔尖的回锋强调起点和终点

扫码，看短直线绘制技法

短直线示意

② 长直线

长直线一般是长度大于 3cm 的直线。绘制的时候，需要横向平移手腕来带动笔尖，小拇指的侧面和手腕轻伏于纸面。线条最好利用笔尖的回锋强调起点和终点。

长直线主要用来刻画形体的大轮廓。

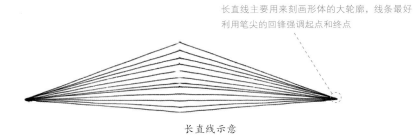

长直线主要用来刻画形体的大轮廓，线条最好利用笔尖的回锋强调起点和终点

扫码，看长直线绘制技法

长直线示意

③ 弧线

弧线一般是指带有一定弧度的线条，可长可短，曲直多变。绘制的时候，手腕关节起到很关键的作用，手指需配合腕关节的运动而运动。线条最好利用笔尖的回锋强调起点和终点。

弧线主要用于刻画带有弧度造型的形体轮廓，也可用于植物的轮廓表现。

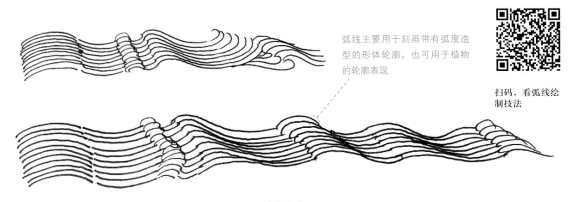

弧线主要用于刻画带有弧度造型的形体轮廓，也可用于植物的轮廓表现

扫码，看弧线绘制技法

弧线示意

④ 波浪线

波浪线一般是指沿着一定的方向均匀波动的线条，可长可短，其要点是线条的波动不可以影响线条整体的方向。绘制的时候，需要手肘、手腕和手指的协调配合。线条最好利用笔尖的回锋强调起点和终点。

波浪线相对于直线要更生动一些，可以配合直线形成虚实对比。

扫码，看波浪线绘制技法

线条的整体方向不能受局部抖动的影响

配合直线可以形成虚实对比

波浪线示意

⑤ 自由曲线

自由曲线是所有线条中最活泼的一种，绘制难度也最大，其要点是线条的曲折不可以影响线条整体的方向。绘制的时候，需要手肘、手腕和手指的协调配合。线条允许忽略起点和终点的回锋。

自由曲线是画植物等不规则形体的必用线条，用笔要放松、自然。初学者须多加练习。

扫码，看自由曲线绘制技法

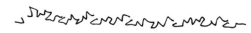
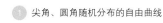
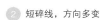

① 尖角、圆角随机分布的自由曲线

② 短碎线，方向多变

③ 折线，方向多变

④ 圆角线，方向多变

常见的四种自由曲线类型

① 常用于表现阔叶类植物的叶丛轮廓

② 常用于表现针叶类植物的叶丛轮廓

③ 常用于表现叶形稍尖的叶丛轮廓　　　　　④ 常用于表现卵形的叶丛轮廓

四种常用自由曲线的应用

以上五种线条类型，对于建筑的手绘表现来说很实用。短直线、长直线和弧线用以表达图中的规则形态；波浪线相较于直线来说，更生动、更有灵气，与直线搭配使用可以表现出虚实相生的效果；自由曲线用来表达植物的自然形态，针对植物的详细画法在第三章还会详细讲解。

2. 线条的训练方法

① 等间距排线法

等间距排线法，就是在每个平面形态的空间中，按照相同的方向和相同的间距（例如，以1mm为单位）进行排线练习。确保线条的首尾刚好压在平面形态的边缘，可以提高对手绘用线长度的控制力。建议初学者每周练习2~3张。

② 放射线排线法

放射线排线法，就是在每个平面形态的空间中，以某一

等间距排线法示意

点为起点，按照不同的方向和均匀的角度变化进行排线练习。确保线条的首尾刚好压在平面形态的边缘，可以提高对手绘用线长度的控制力。建议初学者每周练习2~3张。

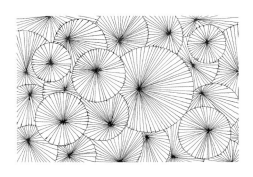

放射线排线法示意

③ 定点连线法

定点连线法，就是在图面上，先用直尺按照单位尺寸进行定点，例如下图中的 2cm、3cm、5cm 等尺寸，然后将这些点之间的各种可能性路径连接起来，确保两个点能够连成直线，可以锻炼绘图者的观察力和线条的控制力。建议初学者每周练习 2~3 张。

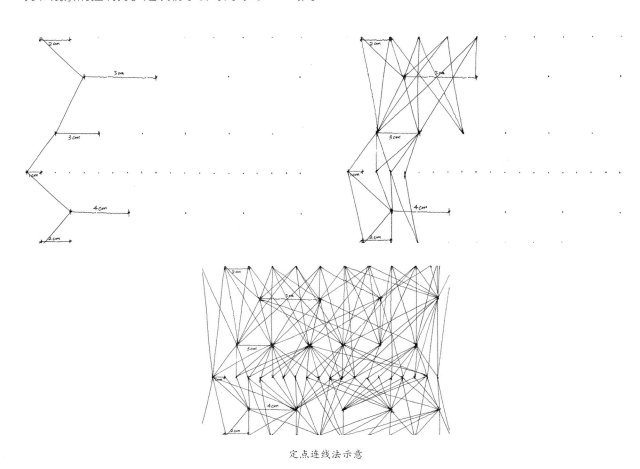

定点连线法示意

④ 图案构成排线法

我们可以利用平面构成的原理进行排线的构成设计，通过绘制具有一定逻辑关系的图案来训练线条，也有助于我们发挥创造力。建议初学者先练习搭建平面构成的骨架，再用线条进行块面的填充来完成画作，每周可练习 2~3 次。

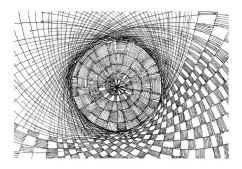 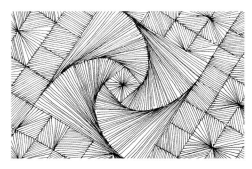

图案构成排线法示意

二、透视

1. 透视的基本原理

透视是人的眼睛在观察物体时，由于距离的远近而产生的一种近大远小的视觉现象。画面是在人的观察点（视点）与物体之间垂直于人的视线的假想平面，物体在这个假想平面上映射产生物体的形象而生成图画。

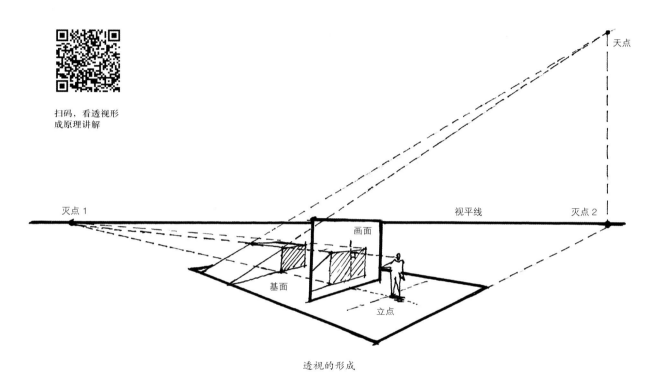

扫码，看透视形
成原理讲解

透视的形成

建筑是三维空间的立体形态，在视点选择过程中，会因为观察视角的变化而产生三种最常见的透视关系：一点透视、两点透视和三点透视。

① 一点透视

一点透视又被称为平行透视，人的视点与建筑（也包括其他任何物体）之间形成正视的角度。它是指画面的视平线上只有一个消失点的透视关系。在这种透视关系中，画面里所有与画面垂直的平行线都向这一消失点汇聚，与画面平行的水平线和垂直线依然保持水平和垂直。一点透视是初学者最容易掌握的透视原理。

扫码，看一点透
视绘制示范

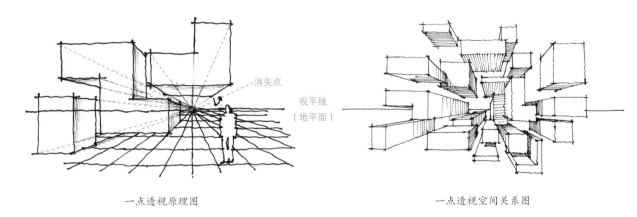

消失点

视平线
（地平面）

一点透视原理图 一点透视空间关系图

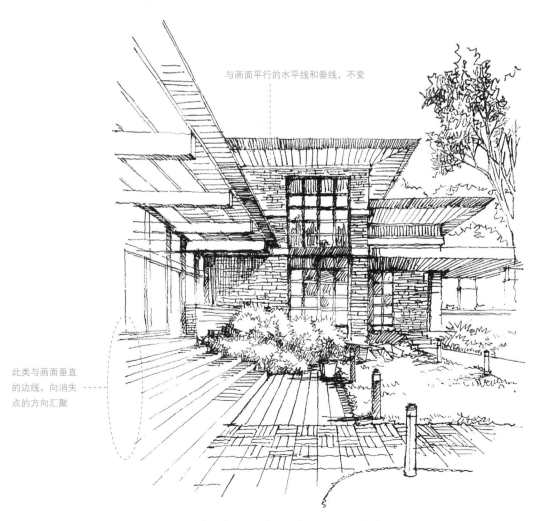

与画面平行的水平线和垂线，不变

此类与画面垂直
的边线，向消失
点的方向汇聚

一点透视建筑表现图，表现的空间效果较为简单

② 两点透视

两点透视又被称为成角透视，人的视点与建筑（也包括其他任何物体）之间呈一定倾斜的角度。在这种透视关系中，画面中除了垂直于地面的平行线不变，其他相互平行的边线与画面均不平行，分别消失于画面的左右两侧，并且在视平线上分别汇聚于左消失点（VL）、右消失点（VR）。两点透视是建筑手绘表现中使用最为广泛的透视关系，较一点透视而言，更为活泼，但绘制难度也有所增加，需要绘图者"左顾右盼"。

扫码，看两点透视示范

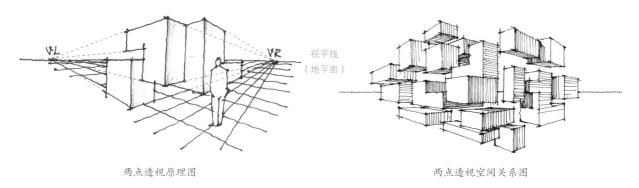

两点透视原理图　　　　　　　　两点透视空间关系图

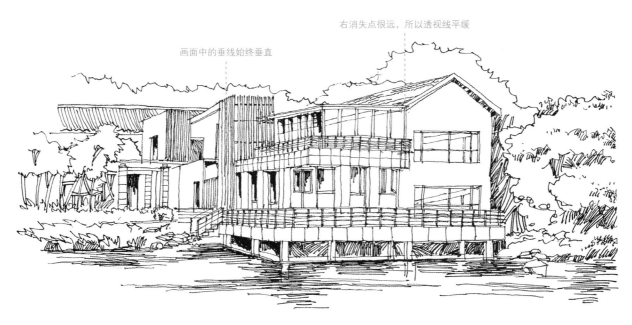

画面中的垂线始终垂直　　　　右消失点很远，所以透视线平缓

两点透视建筑表现图，空间效果丰富，建筑形态更加完整

③ 三点透视

我们行至高大的建筑物脚下，从下往上观察，或者身处高空，从上往下观察建筑时，就会形成三点透视关系。三点透视是在两点透视的基础上，增加了一个垂直方向的透视变化。除了左右消失点的汇聚关系，建筑（也包括其他任何物体）的垂直边线还要在其上方或下方的消失点处交汇，此消失点称为天点或地点。

与两点透视相比，三点透视的难度更大，适用于表现仰视或俯视场景中的建筑物，也可利用此透视关系凸显建筑的高大或表现大场面尽收眼底的感觉。

要特别注意，不能将三点透视与散点透视混淆。散点透视是中国画家移动视点，将各个局部场景组合在一起，以达到"咫尺千里"的视觉效果。三点透视源自西方的"焦点透视法"，视点固定，视域之外的事物是观察不到的。

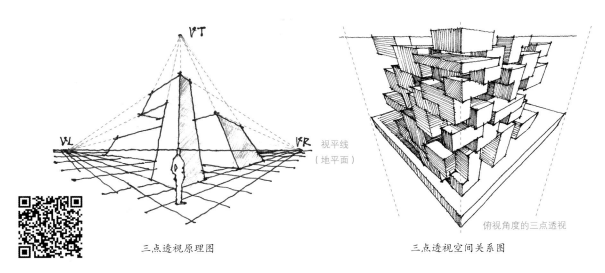

扫码，看三点透
视绘制示范

三点透视原理图

俯视角度的三点透视

三点透视空间关系图

除了左右消失方向要考虑，还要兼顾天点的方向

三点透视建筑表现图，建筑物显得高大、庄严

2. 透视角度的选取

① 视点位置

当人的视点固定不动，建筑在人的视野内以任意角度旋转时，就会在画面上产生各种各样的视觉形象。这些视觉形象的多样性，决定了画面效果的多变性。作为绘图者，面对建筑形象，我们应当学会从诸多透视角度中甄选最合适的角度去表现，这也决定了建筑形象的透视关系是属于一点透视、两点透视，还是三点透视。

② 视距大小

选定了合适的角度后，我们需要考虑视点与建筑之间的距离，即视距。视距越大，消失点就越远，消失线就越平缓；视距越小，消失点就越近，消失线就越急剧。

视距的大小要控制在合适的范围内，过远的视距，会使建筑形象接近于立面图，不利于体积感的表现；过近的视距，会使视野的范围受到局限，导致画面失真（即建筑的视觉形象产生了畸变）。合适的视距，应该是以视中线（视点到画面的垂线）为对称轴，60°以内的视角所在的视距。

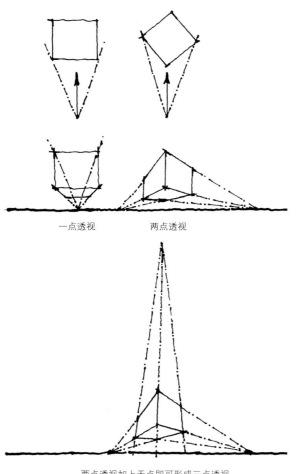

一点透视　　　　两点透视

两点透视加上天点即可形成三点透视

观察角度与透视的关系

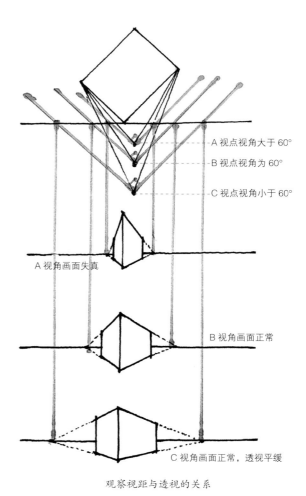

A 视点视角大于 60°

B 视点视角为 60°

C 视点视角小于 60°

A 视角画面失真

B 视角画面正常

C 视角画面正常，透视平缓

观察视距与透视的关系

③ 视点高度

视点的高度，称为视高，也就是画面中视平线的高度。一般情况下，我们会尝试从三种视高来表现建筑，即仰视、平视和俯视（包括鸟瞰）。以人的身高（约1.7m）为参照，视平线的高度约为1.7m，这样的画面带给人亲切和真实的感受。但是，有些情况下，我们会因表现对象的特征而抬高或者降低视平线的高度，以达到不同的效果。比如，为了展现建筑本身及周边环境的全貌，我们可以选择鸟瞰的角度，即把视平线定在高空；为了展现建筑物的高大宏伟或凸显建筑所在的地势，我们可以将视高降低至地面。

将视高降低，凸显建筑的高大　0m

人视高的画面亲切而真实　1.7m

将视高抬高，展现建筑的环境　15m

仰视、平视和俯视的建筑表现示意

总之，视点的位置、视距的大小、视点的高度三者相辅相成，密不可分。在实际应用的时候，一定要从多方面综合考虑和衡量。

3. 形体透视的几何分解

确定好合适的透视角度之后，我们就要面对建筑体错综复杂的几何块面。为了便于理解和掌握建筑的空间关系，可以将建筑拆解成各种各样的面，通过研究建筑体面的透视关系，进而把握建筑的整个空间形态关系。接下来，我们从一些较常见的几何块面的透视入手，研究建筑的空间组合。

① 矩形的透视

矩形是最常见的建筑形态。矩形的透视中心，是空间透视关系中特别重要的参照点。确定矩形的透视中心最为简便、有效的方法是连接它的对角线，找出交点。通过矩形的透视中心，我们可以复制、平分空间的矩形块面，这对于搭建空间是很有助益的。例如，在矩形产生透视时，可以利用对角线进行矩形的等比例分割和复制。

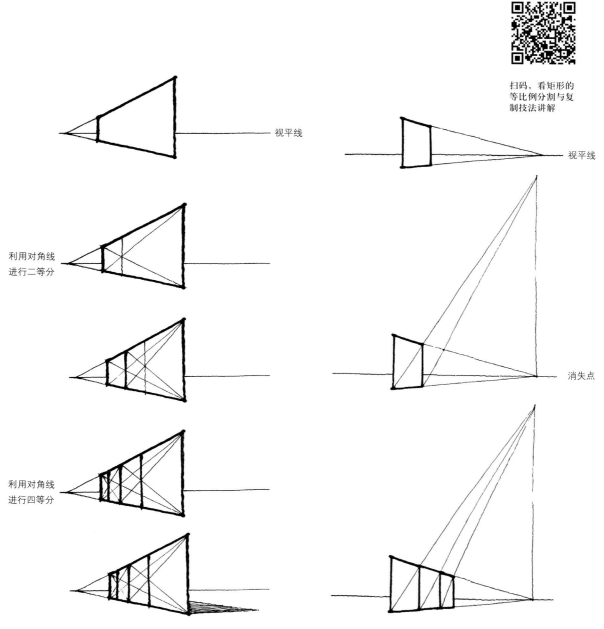

扫码，看矩形的
等比例分割与复
制技法讲解

利用对角线的交点对矩形进行等比例分割　　　　利用对角线与消失点上垂直线的延长线对矩形进行等比例复制

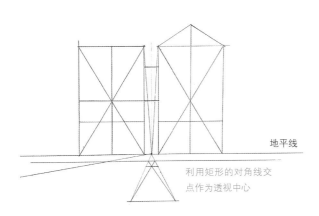

地平线

利用矩形的对角线交
点作为透视中心

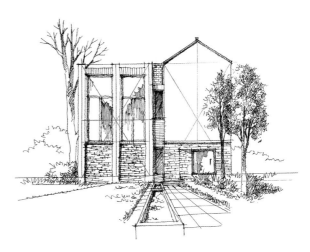

第一步，确定视平线的位置和视平线上消失点的位置（按照一点透视
关系构建场景）。

第二步，搭建画面中的矩形块面轮廓，连接对角线以确定每个矩形的
透视中心，以其为参照构建场景辅助线。

第三步，完善画面关系。

利用几何图形的透视关系搭建建筑形体的案例

　　此外，斜面矩形与消失点也存在一定的透视关系，需要我们掌握。在一点透视或两点透视关系中，斜面由于近大远小的透视变化在场景透视消失点的垂直线上形成或高或低的交点，这样的交点称为"天点（高于视平线）""地点（低于视平线）"。特别注意，建筑台阶的转折处所形成的连线，打开的窗户倾斜之后的透视关系，也符合常见斜面的透视规律。

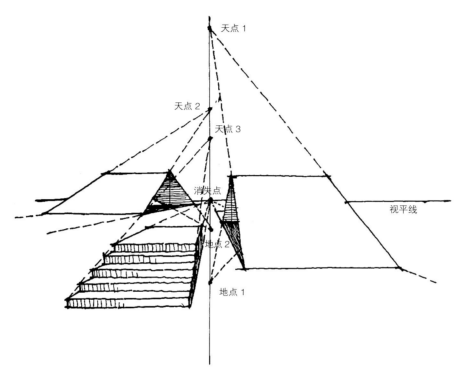

一点透视关系中，斜面的透视变化

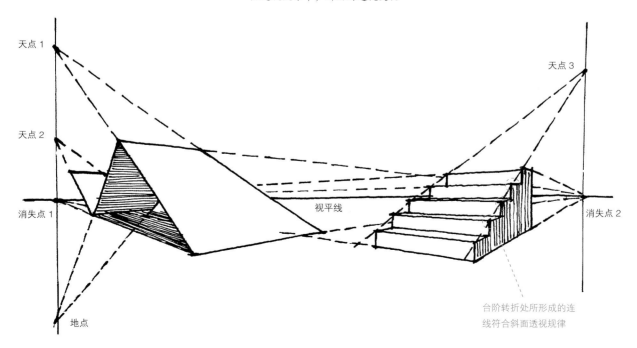

两点透视关系中，斜面的透视变化

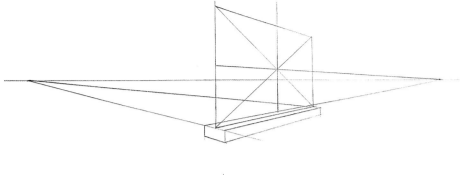

第一步，首先确定视平线的位置及两点透视空间关系，利用对角线绘制透视中心。

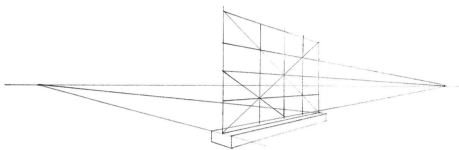

第二步，通过对角线的分割，绘制窗户的结构单元。

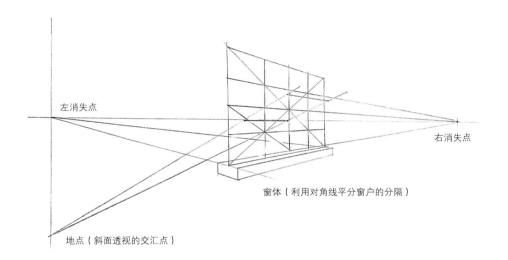

左消失点

右消失点

窗体（利用对角线平分窗户的分隔）

地点（斜面透视的交汇点）

第三步，找出斜面的透视交汇点（地点和右消失点），此时，地点与左消失点的连线垂直于视平线，绘制墨线并完成线稿。

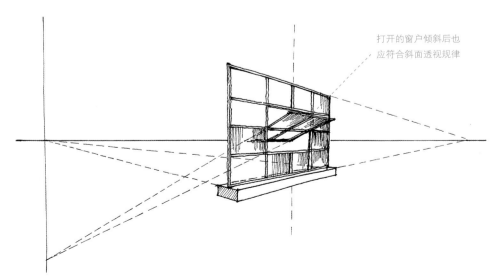

打开的窗户倾斜后也应符合斜面透视规律

第四步，勾线并完善。

打开的窗户的透视关系表现案例

② 圆形的透视

　　圆形是建筑体上时常出现的形态，也是手绘表现图中特别容易出问题的地方。圆形可以单独出现，也可以与其他的图形组合出现，如建筑的有些窗、门，拱券、穹顶、烟囱等构件都是以圆形为基本型，室外环境中的圆形喷泉、水池、广场、拱廊等也是圆形的演变。

建筑局部中的圆形透视关系

奥斯卡·尼迈耶的尼泰罗伊当代
艺术博物馆中的圆形透视关系

景观陶罐中的圆形透视关系　　　　　　　　　　景观小品中的圆形透视关系

图形透视举例

圆形的透视形态是椭圆形，因此在表现图形透视时，绘制一个符合一般椭圆特征（具有长轴和短轴，并且以长轴和短轴为对称轴）的光滑闭合曲线即可。这里需要注意，椭圆的轮廓中不能出现直线和角，而且圆形真正的圆心并不在长短轴的交点上。

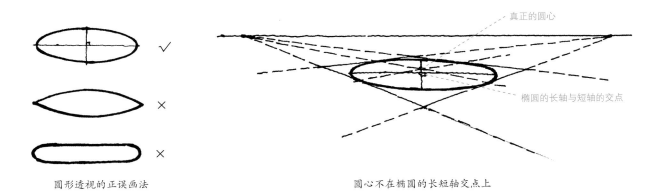

圆形透视的正误画法

圆心不在椭圆的长短轴交点上

在时间充裕的情况下，初学者也可以利用正方形辅助的方法画圆、半圆、四分之一圆等。具体画法如下图所示。

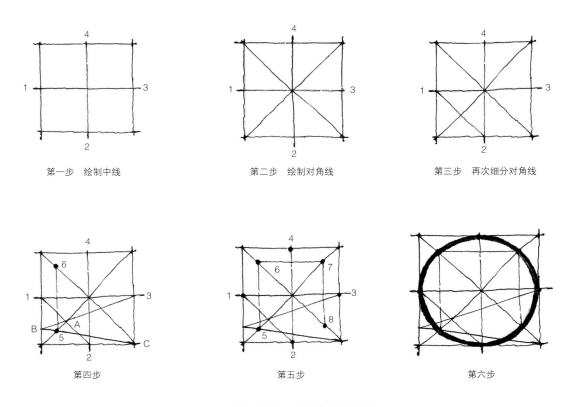

第一步　绘制中线　　　　　第二步　绘制对角线　　　　　第三步　再次细分对角线

第四步　　　　　　　　　　第五步　　　　　　　　　　　第六步

正方形辅助画圆步骤（无透视）

扫码，看正方形
辅助画圆技法

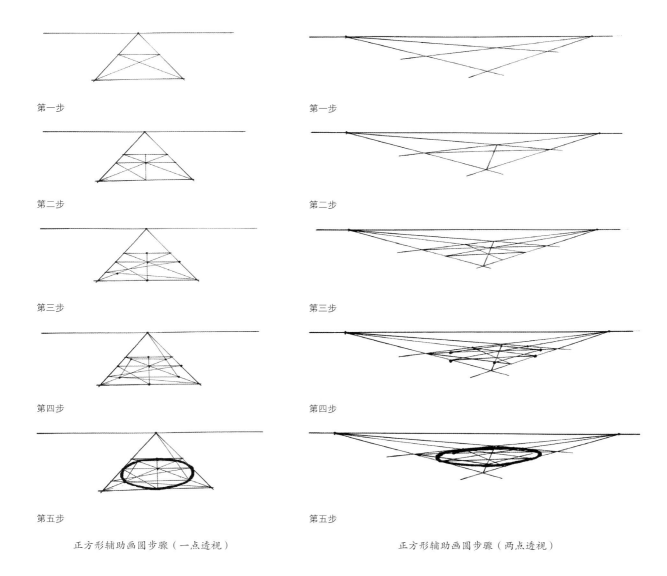

第一步

第一步

第二步

第二步

第三步

第三步

第四步

第四步

第五步

第五步

正方形辅助画圆步骤（一点透视）

正方形辅助画圆步骤（两点透视）

进一步而言，圆形的透视画法可以分为水平圆、垂直圆和斜面圆。

水平圆面沿着视平线上下移动的时候，圆的长轴保持不变，短轴的长度与圆面距离视平线的距离成正比，即圆面离视平线越近，短轴越短；反之越长。

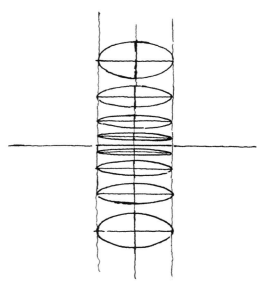

水平圆面的透视关系

垂直圆面的透视图呈现与水平圆相似的椭圆。当圆面围绕着视心点左右移动的时候，椭圆的长轴保持不变，短轴的长度与其距视心点的距离成正比，即圆面距离视心点越远，短轴越长。

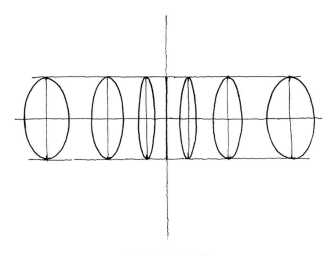

垂直圆面的透视关系

倾斜的圆面依旧保持椭圆的基本形态，以其距离视心点的远近为依据，产生短轴的长度变化。在绘制时，务必先找出该圆形的短轴与空间基面之间的角度，只有这样，才能合理地构建圆形透视。

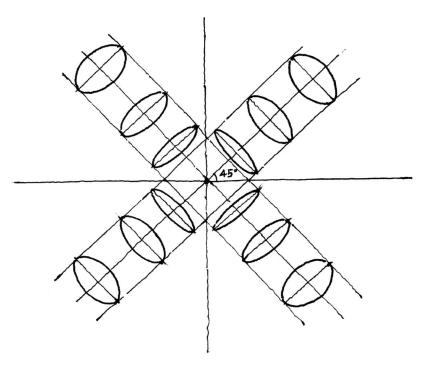

倾斜圆面的透视关系

4. 建筑空间透视的分步案例

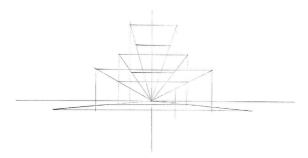

第一步，构建一点透视空间关系。

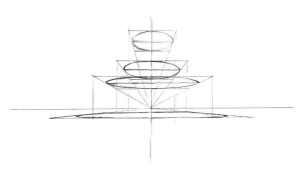

第二步，绘制不同位置圆形的透视。

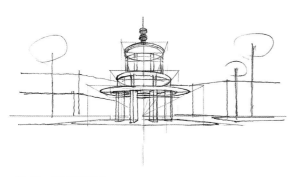

第三步，增加建筑体块。

第四步，绘制主体建筑的细部。

建筑的圆形保留可见轮廓

完成图

建筑分步案例

三、明暗

　　光线是塑造建筑体光影变化的直接因素，在它的作用下产生了建筑上黑白灰的色调，进而强化了建筑体的空间感和立体感。建筑的明暗表现，离不开传统素描教学中的"五大调子"（亮面、次亮面、明暗交界线、反光、投影），建筑的明暗关系主要是利用钢笔排线的疏密、长短、方向、粗细等变化来表现的。一般情况下，物体明暗交界处的排线会相对紧密一些，以强化物体的形态特征。

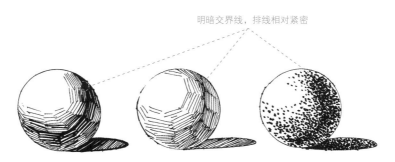

明暗交界线，排线相对紧密

物体的黑白灰色调

1. 明暗的表达方式

　　在建筑手绘中，物体的明暗关系是通过钢笔笔触的变化来表现的。对于表面肌理简单的物体，如立方体，可以用带透视方向的横线、垂直的竖线和大约 45° 方向的斜线来填充暗部，次亮部则用符合物体结构方向的线条填充，最亮部以留白为主；对于表面肌理复杂的形体，可以用物体表面的肌理填充形体的黑白灰。如下图所示，可以尝试练习用多种不同的笔触画法来处理物体的明暗关系。

　　特别值得注意的是，不管用什么方式去表现明暗，物体明暗交界线处的笔触始终要紧实一些，但不建议完全涂黑。

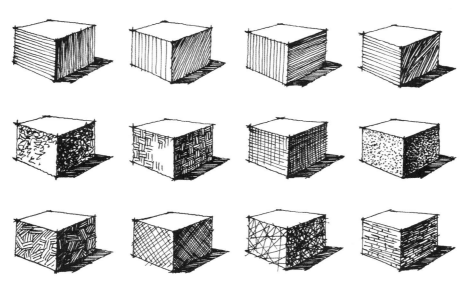

利用不同的笔触变化来处理形体的明暗关系

　　投影也是建筑明暗关系的重要组成部分，直接反映了建筑体与地面、周围环境的关系。物体投影的长短、大小、形状等特性除了与光源的投射方式有关系，和物体的透视、形状也有必然联系。初学者应当加以细心研究和体会。

　　① 投影与光线方向的关系

　　以室外环境平行光源的光线为例，同一个尺度的物体，在不同方向的光线影响下会产生各个对应方向的投影。其中，左前侧光和右前侧光是建筑手绘表现图中常用的光线方向，背光的方向不建议选取。

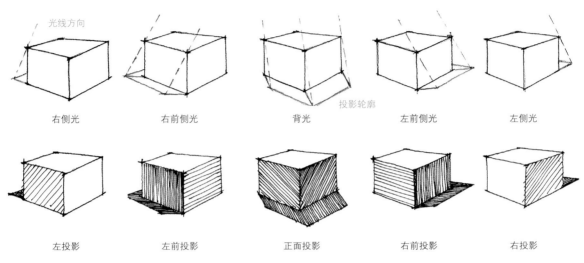

| 右侧光 | 右前侧光 | 背光 | 左前侧光 | 左侧光 |

| 左投影 | 左前投影 | 正面投影 | 右前投影 | 右投影 |

光线方向不同，物体的投影位置不同

　　② 投影与光照角度的关系

　　物体在不同光线角度的照射下，会产生或长或短的投影。

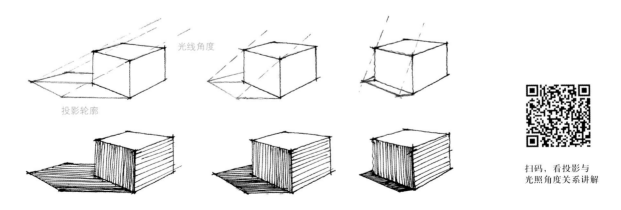

扫码，看投影与
光照角度关系讲解

从左到右三个案例中，第一个的投影过长，会使周边的配景元素过于背光，第二个和第三个的投影长度较为适宜

光线角度不同，物体的投影长短不同

③ 投影与物体形状的关系

光线穿过物体的阴点（物体与光线交汇的边缘处）在地面上形成落影点，落影点的分布与物体的形状直接相关，即相同条件下，不同形状的物体会形成不同形状的投影。下图展示了圆形物体和方形物体各自投影的形成过程，反映了投影轮廓与物体形状的关系。

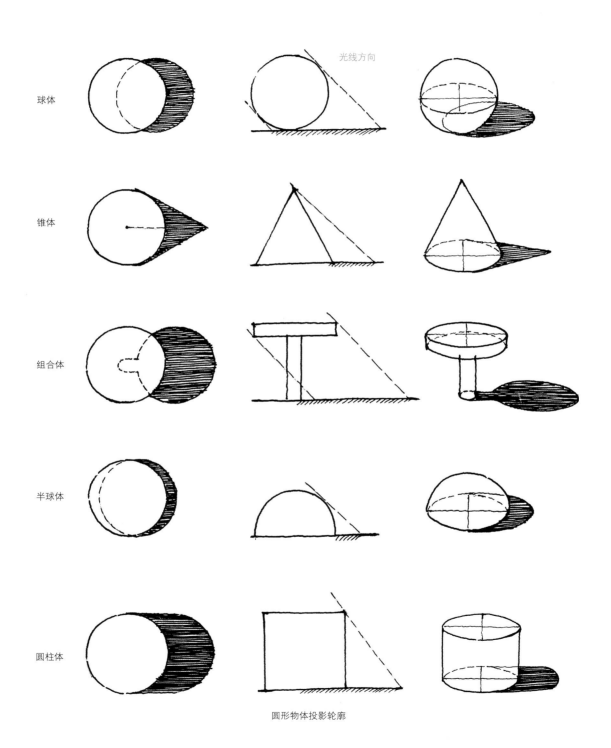

圆形物体投影轮廓

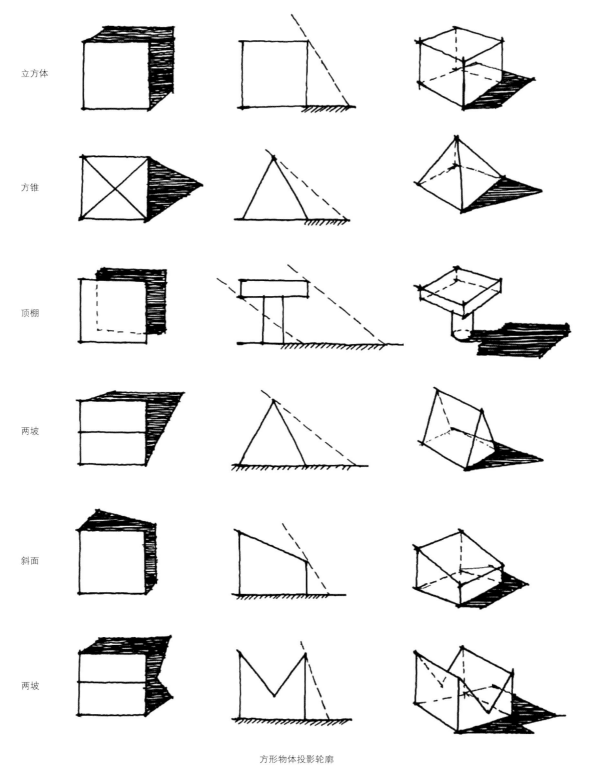

立方体

方锥

顶棚

两坡

斜面

两坡

方形物体投影轮廓

物体形状不同，投影的轮廓不同

④ 投影与光线性质的关系

环境中，常见的光源类型有平行光源和点光源，建筑手绘主要是表现环境中的平行光源。

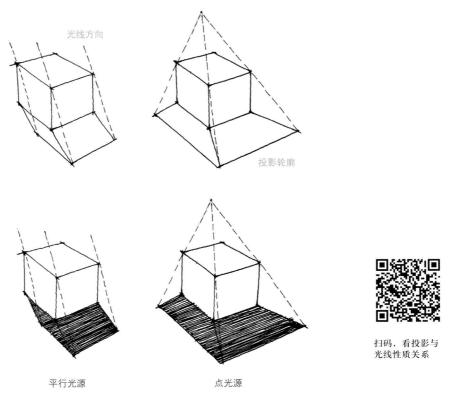

平行光源　　　　　　　　点光源

光线的性质不同，投影的形状不同

扫码，看投影与
光线性质关系

2. 依据建筑的结构和光源绘制明暗关系

建筑的结构与光线的相互作用，会产生相较于上文所示几何形体案例更为复杂的明暗关系，但这些结构仍是由各种基本几何形体穿插、演变而产生的，它们的明暗关系也不外乎黑白灰三种灰度等级的组合。

扫码，看窗户光
影的绘制示范

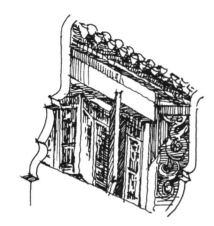

依照建筑窗户结构绘制光影明暗

扫码，看建筑檐
部光影绘制示范

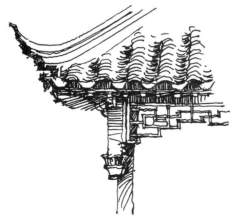

依照建筑檐部结构绘制光影

3. 把控表现图中明暗关系的分步案例

注意圆形的透视

第一步，按照基本的两点透视关系将建筑及周边配景元素的轮廓画出来。

控制建筑主体部分的黑白灰，使亮面最白，次亮面灰，暗面最深，明暗交界处对比最强

第二步，确定光源的位置在右上方，在轮廓线所确定的边界内对建筑的主体物进行排线，建筑的瓦片部分通过肌理的疏密来表现明暗，窗户的玻璃通过规则的斜排线，逐一概括表现。

不要忽略建筑主体部分在次要部分的屋顶投影，其形
状要符合光照角度和主体的轮廓特征，它同时也起到
了凸显建筑前后空间感的作用

第三步，主体部分完成
后，对建筑的次要部分进
行明暗处理，处理方法与
主体部分相同，但是明暗
对比的强度要降低。

植物的暗面与建筑的亮
面产生对比，拉开空间

第四步，对周围配景进行明暗表现，对比度要进一步降低。

第五步，用简要的线条勾勒天空中的流云和地面上的远景元素，丰富建筑环境，完成。

整体把控建筑手绘表现中明暗关系的案例

四、质感

1. 常见材质质感的表现

建筑的立面材料对建筑起到了保护和装饰的作用，不同的立面材料具有不同的质感。在建筑的手绘表现中，材料质感的表达方式是绘图者必须掌握的内容，可以依据不同材料的质感，尝试用点、线条、边界去提炼和概括。以下介绍常见的立面材料质感画法。

① 膜结构质感

膜结构主要由金属框架和膜结构的单元体构成，框架的构造通常具有一定的规律性。在手绘表达的时候，用墨线构建膜结构的框架，并在每个膜单元表现凸出弧面的光影。

 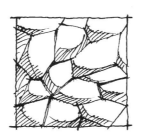 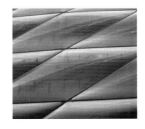 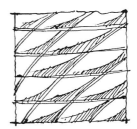

膜结构的质感表现

② 金属板材质感

金属板材的链接构成了其鲜明的质感，可以尝试用概括的线条去描绘板材的咬合方式，然后适当地施加明暗层次即可。

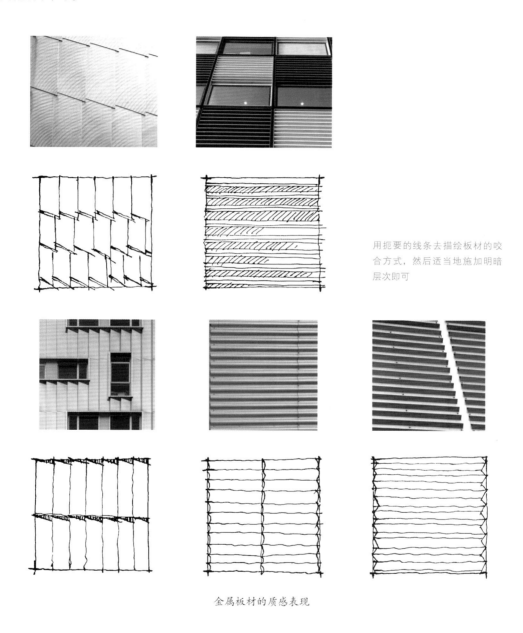

用扼要的线条去描绘板材的咬合方式，然后适当地施加明暗层次即可

金属板材的质感表现

③ 砖砌质感

通过各种规格的砖块多种方式的组合，可以形成多变的砖砌墙体。画表现图的时候，先搭建纹理的大轮廓（也可称之为骨格），再细画砖块的组合形式，最后施加光影。

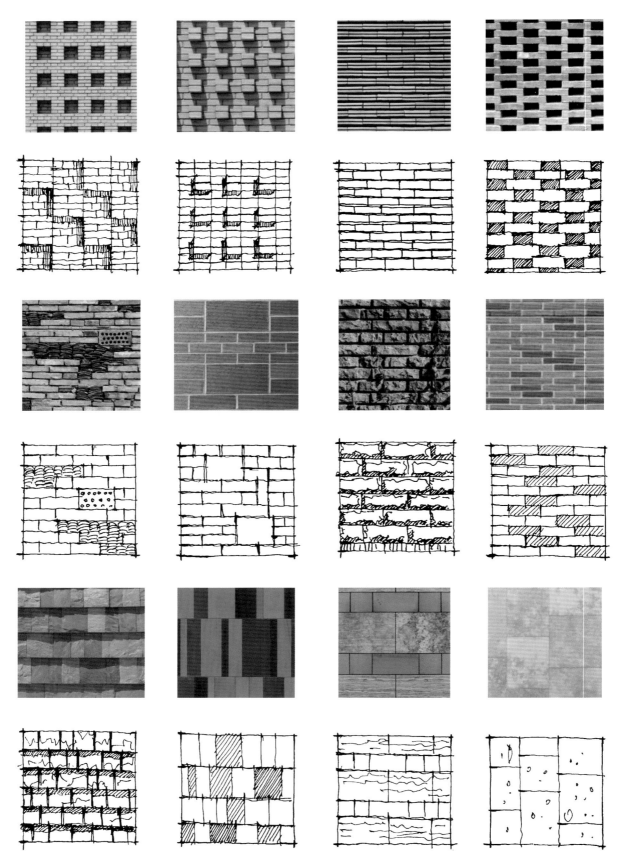

先搭建纹理的大轮廓（也可称之为骨格），再细画砖块的组合形式，最后施加光影

砖砌结构的质感表现

④ 其他材料质感

石材、玻璃、木材等其他常见材料，在对它们进行手绘表现时应当注意以下几点。

● 建筑装饰材料的组合形式应当遵循其组合规律。

● 提炼材料上具有代表性的线条和肌理。

● 对于存在凹凸变化的墙面，除了刻画纹理，还要适当表现一定的光影。

● 有一定地域文化特色的建筑材料，要着重凸显其质感。

石材

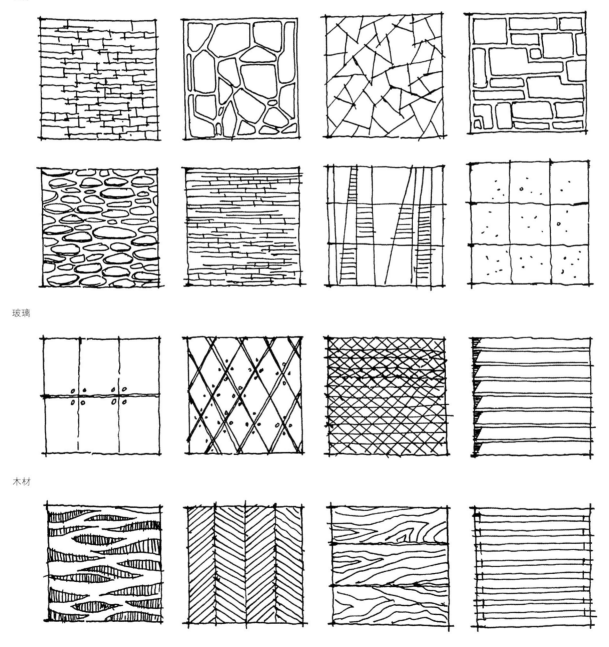

玻璃

木材

石材、玻璃、木材的质感表现

2. 质感与光影的组织协调

在建筑手绘表现中，质感是对建筑表面的装饰，它只是整体画面光影处理的一部分，因此，在掌握了多种多样的质感画法之后，我们还应当兼顾建筑光影表现的整体感。在手绘建筑表现图中，建筑体表面材料的质感表现应当详略得当，即受光面的质感要表现得概括一些，背光面的质感要翔实一些。

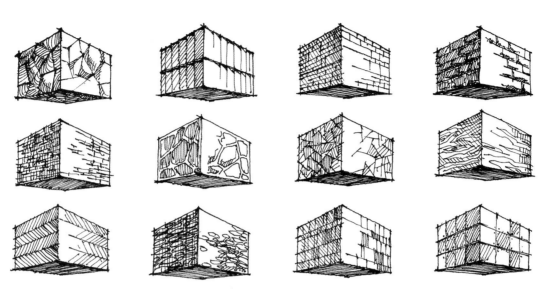

受光面的质感要概括一些，背光面的质感要翔实一些

不同材料质感的光影表现

扫码，看质感与光影组织要点讲解

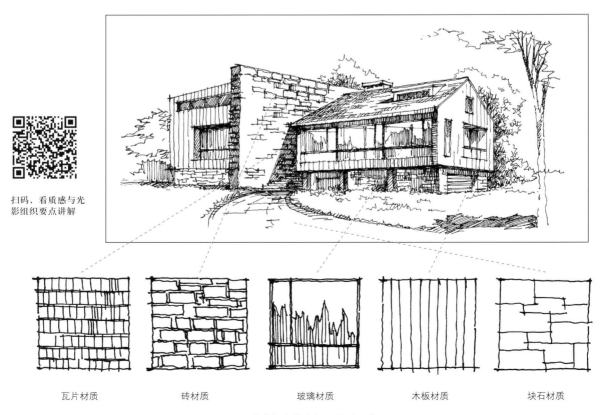

| 瓦片材质 | 砖材质 | 玻璃材质 | 木板材质 | 块石材质 |

质感与光影的组织协调示意

3. 质感与光影组织范例临摹

将质感画法与整体建筑的光影关系组织协调起来，就可以绘制一张完整的建筑手绘表现图了，初学者请临摹以下范图，仔细揣摩质感与光影的组织协调。

范图一

范图二

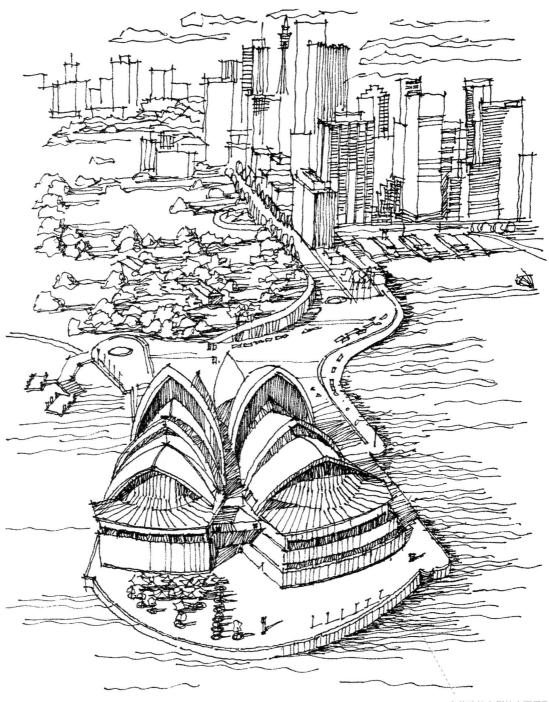

主体建筑右侧的水面受到
建筑投影的作用而深化

范图三

3rd
CHAPTER

建筑的配景画法

　　一幅完整的建筑手绘表现图，除了表现建筑本体，还需要表现建筑周围环境中的配景元素。就像一场舞台剧的表演，绘图者要执行类似导演的职责，凸显主角的地位又不能忽视配角的陪衬，道具、灯光、场景都要面面俱到。因而，我们应当重视建筑周围配景的画法，使画面丰满、真实、有环境，才能使"演出"圆满成功。

一、植物

　　建筑手绘表现图中的植物，大都是由枝干和叶丛两个主要部分组成。枝干的画法主要是短直线和波浪线的综合运用，叶丛的画法主要是自由曲线的综合运用。

　　植物在画面中，一般会按照近景、中景和远景三个景别分布。近景植物和远景植物都起到拉开画面景深的作用，中景植物和建筑的关系较为紧密，应相对表现得细致一些。但不论是何种景别，植物的明暗对比都要比主体建筑的明暗对比要弱化一些，在位置的选取上都要尽量避免遮挡建筑的精彩部分，否则就会喧宾夺主。

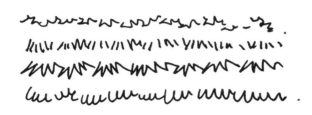 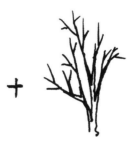

叶丛与枝干用线

建筑手绘中的近景、中景、远景植物

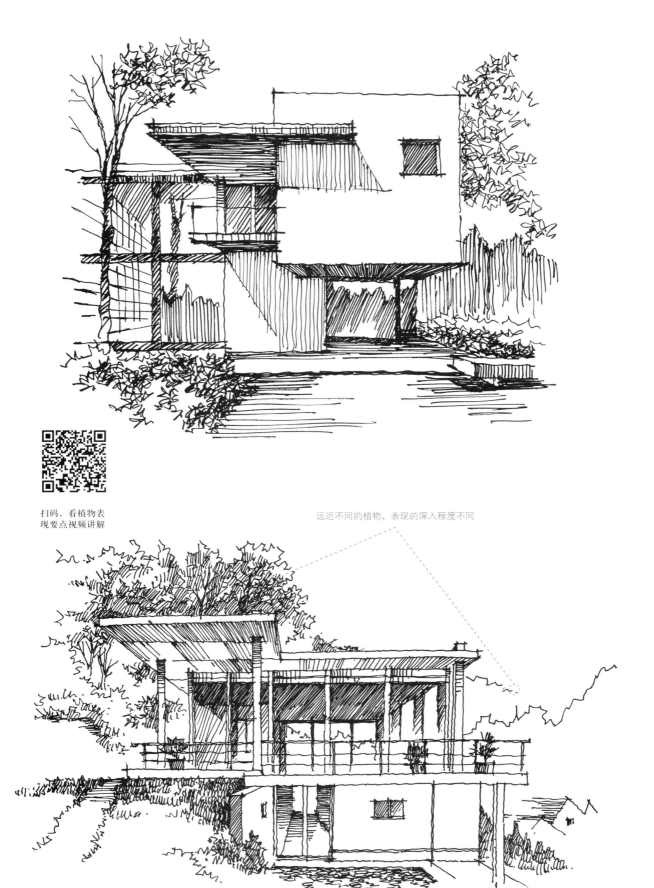

远近不同的植物，表现的深入程度不同

建筑手绘表现中的植物

1. 乔木

乔木树身高大，树冠和树干区分明显。表现乔木时，可以按照两个主要部分去解构它，即树冠的轮廓和树干的分支。

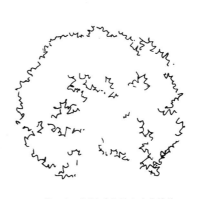

第一步，树的叶丛是自由曲线的综合运用，注意疏密有致。

扫码，看乔木画法示范讲解

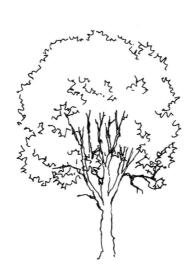

第二步，枝干的表现是短直线和波浪线的综合运用，注意粗细变化。

第三步，通过排线的详略、疏密来整体表达植物的光影关系。

实景乔木的画法步骤

但是，自然界中，乔木的形态千差万别，不论是树冠的造型还是枝干的长势都各具特色。因此，我们要系统地研究常见乔木的各种姿态，使画面中的乔木具备一定的可识别性，从而让表现图的绘制更加严谨。

① 乔木的局部画法

● 典型乔木的树干姿态及画法示范。

主干笔直，枝杈向上，
分枝点高
代表案例：女贞

主干盘曲，枝杈向上，
分枝点低
代表案例：梅花

主干纤细，枝杈向上，
地面以上即分杈
代表案例：紫荆

主干粗，枝杈向下垂
代表案例：垂柳

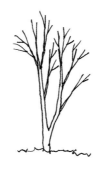

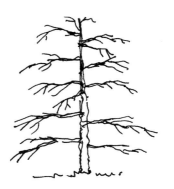

主干粗且直，枝杈细
且向上
代表案例：水杉

主干粗且苍劲，枝杈
横向伸展
代表案例：黑松

主干分枝点低，枝杈
向上
代表案例：紫叶李

主干粗且直，枝杈横
向伸展
代表案例：雪松

常见树干画法

● 典型乔木的树叶形态及画法示范。

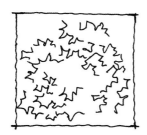

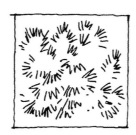

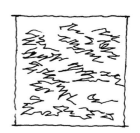

叶片略大型，用变化
幅度大的曲线表现
代表案例：梧桐

针叶型，用短碎线组
合表现
代表案例：松柏

椭圆型叶，勾短弧线
表现
代表案例：香樟

掌型叶，用左右方向
的折线表现
代表案例：香樟

长椭圆型叶，用圆弧
线表现
代表案例：广玉兰

扇型叶，用长折线组
合表现
代表案例：蒲葵

羽状叶，用短弧线和
直线组合表现
代表案例：栾树

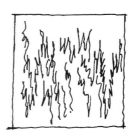

下垂型枝叶，用短折
线和波浪线组合表现
代表案例：垂柳

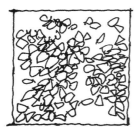

菱型叶，用短弧线闭
合表现
代表案例：乌桕

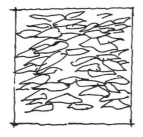

大型叶，用长弧线闭
合表现
代表案例：泡桐

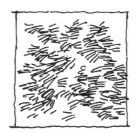

线型叶，用短碎线排
列表现
代表案例：水杉

披针型叶，用长折线
排列表现
代表案例：椰子

常见树叶画法

② 乔木的整体画法

树的整体形象包含三个部分：枝干、树叶，以及树的光影层次。掌握了常见枝干和树叶的画法，我们就可以尝试依据光影效果，通过排线去描绘树的整体形象了。以下展示常见乔木的中景和远景画法，初学者可临摹练习。

● 梧桐树

光影关系　　　　　　　中景　　　　　　　远景

● 雪松

光影关系　　　　　　　　　中景　　　　　　　　　远景

● 香樟

光影关系　　　　　　　　　中景　　　　　　　　　远景

● 枫树

光影关系　　　　　　　　　中景　　　　　　　　　远景

● 广玉兰

光影关系　　　　　　　　　中景　　　　　　　　　远景

● 棕榈

光影关系　　　　　　　　　中景　　　　　　　　远景

● 栾树

光影关系　　　　　　　　　中景　　　　　　　　远景

● 垂柳

光影关系　　　　　　　　　中景　　　　　　　　远景

● 乌桕

光影关系　　　　　　　　　中景　　　　　　　　远景

● 泡桐

光影关系　　　　　　　　中景　　　　　　　　远景

● 水杉

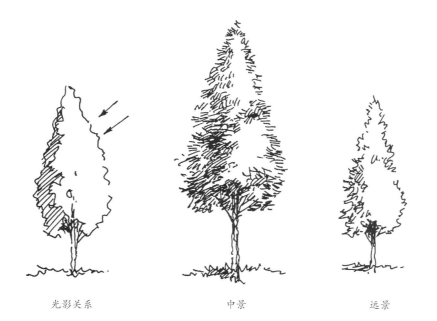

光影关系　　　　　　　　中景　　　　　　　　远景

● 椰树

光影关系　　　　　　　　中景　　　　　　　　远景

2. 灌木

一般情况下，相对于乔木而言，灌木的生长高度较低，没有明显、突出的主干支撑叶丛，露出地面的部分通常有很多分枝，呈现一丛一丛的姿态，因此，对叶丛的表现是绘制灌木形态的重点所在。绘制灌木叶丛的线条与前文所述绘制乔木的几种线条相似，这里不再赘述。我们直接选取一些常见灌木进行整体手绘表现，供初学者参照和学习。

扫码，看灌木画法示范讲解

● 红花继木

光影关系　　　　　　　　　中景　　　　　　　　　远景

● 海桐

光影关系　　　　　　　　　中景　　　　　　　　　远景

● 红叶石楠

光影关系　　　　　　　　　中景　　　　　　　　　远景

● 八角金盘

光影关系　　　　　　　　　中景　　　　　　　　　远景

● 美人蕉

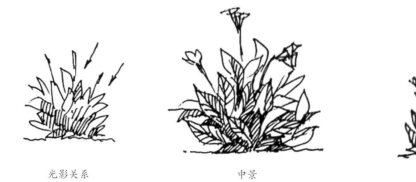

光影关系　　　　　　　　　　中景　　　　　　　　　　远景

● 棕竹

光影关系　　　　　　　　　　中景　　　　　　　　　　远景

● 洒金珊瑚

光影关系　　　　　　　　　　中景　　　　　　　　　　远景

● 修剪绿篱

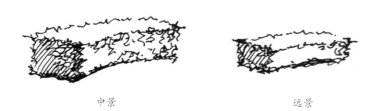

光影关系　　　　　　　　　　中景　　　　　　　　　　远景

3. 地被植物

　　从植株的高度上看，地被植物低于灌木，是匍匐或平铺于地面的草本、木本、藤本植物。建筑手绘表现图中的地被植物一般依附于地面，通常需要我们仔细考量其边缘形状是否符合画面中的透视关系。以下是一些常见地被植物的手绘表现，供初学者参考学习。

扫码，看地被植物画法难点剖析

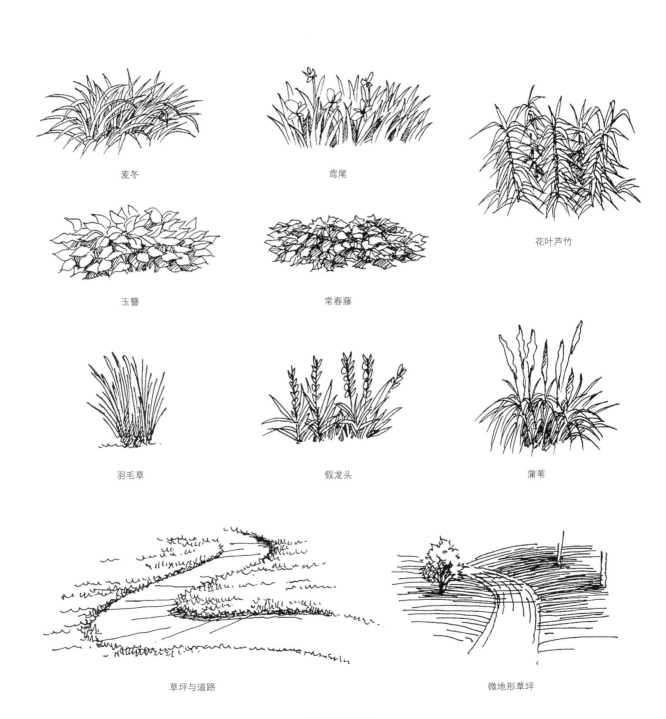

麦冬　　　　　　　鸢尾

花叶芦竹

玉簪　　　　　　常春藤

羽毛草　　　　　假龙头　　　　　蒲苇

草坪与道路　　　　　　　　微地形草坪

常见地被植物

4. 植物的层次和尺度

建筑环境中的植物多数情况下是组合出现的，设计师通过控制乔木、灌木、地被植物的大小、高低、数量、种类、位置、形状等因素来营造美感和层次感。绘图者表现植物时要注意层次感的表现，一定要控制轮廓、明暗关系和虚实关系等因素，使各个植物个体既能区分又有联系。

① 平面图中的植物层次和尺度

以下是一些常用的植物平面的局部和组合画法。

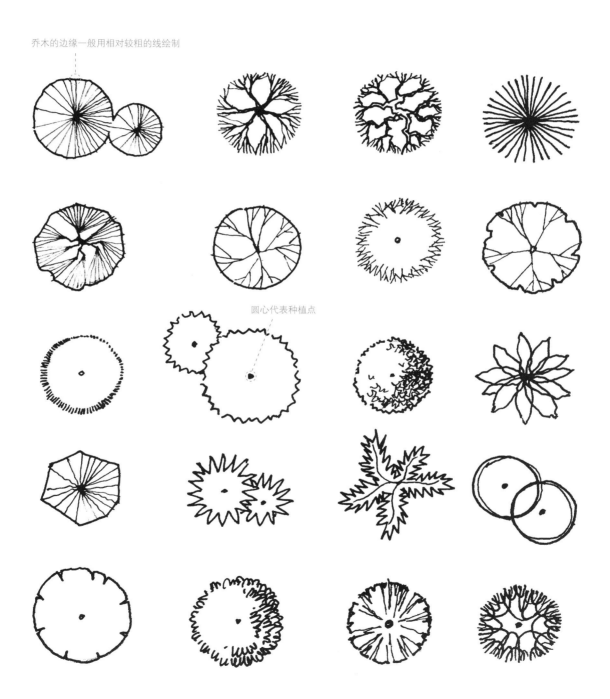

植物平面局部画法

植物平面组合画法

② 建筑表现图中的植物层次和尺度

以下案例都是参照植物造景的实景照片绘制，植物的类型和尺度都已注明，供大家临摹学习。

1 阔叶中乔木，高度 6m

2 常绿大型草本，高度 3m

3 球型常绿灌木，高度 1.2m

4 团型灌木，高度 0.6m

5 密植片状灌木，高度 0.3m

6 长叶型地被，高度 0.2m

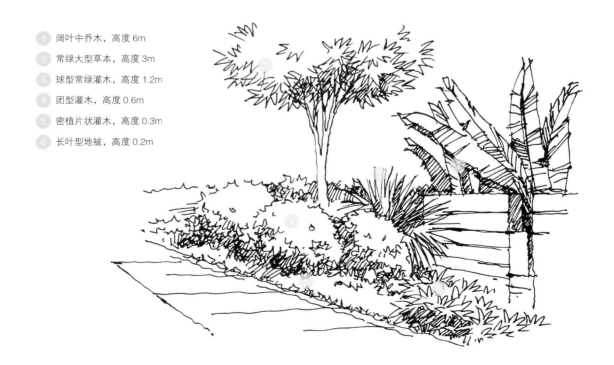

① 小乔木，高度 3m

② 球型常绿灌木，高度 1.4m

③ 球型常绿灌木，高度 1.2m

④ 团型灌木，高度 0.6m

⑤ 密植片状灌木，高度 0.3m

⑥ 置石

⑦ 长叶型地被，高度 0.2m

① 中乔木，高度 5m

② 小乔木，高度 3.5m

③ 球型常绿灌木，高度 1.5m

④ 球型常绿灌木，高度 1.4m

⑤ 花卉型地被，高度 1m

⑥ 密植片状灌木，高度 0.7m

⑦ 长叶型地被，高度 0.2m

⑧ 草坪护坡

植物造景手绘案例

二、天空

作为画面的配景元素，天空一般只需要用墨线略作勾勒和表现即可。万里无云的天空，作留白处理；云朵密布的天空，可以利用排线和曲线的组合排布来表现。绘制的时候，一定要注意天空与建筑的图底关系转换，例如，建筑受光面附近的天空排线紧实一些，背光面的天空排线松散一些，这样建筑主体的轮廓感就比较明确。

上海外滩的手绘表现图，天空作留白处理

加拿大皇家安大略博物馆的手绘表现图，天空用排线表现

用绘制飞鸟元素的方式表现天空，衬托建筑与环境

三、水体

1. 平静的水体

水面如果是平静的状态，会产生类似玻璃、金属、抛光砖等光滑材质的镜面反射效果，水岸上的建筑物就会被水体倒映出来，其基本的倒影形成原理可参照下图。

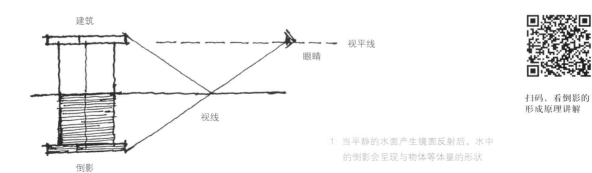

扫码，看倒影的
形成原理讲解

1 当平静的水面产生镜面反射后，水中
的倒影会呈现与物体等体量的形状

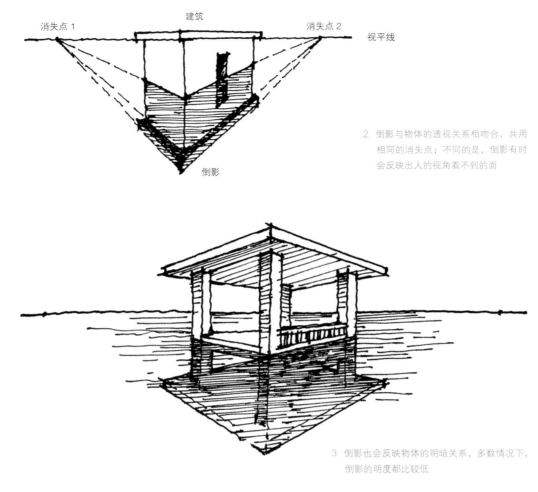

消失点1　　　　　建筑　　　　消失点2　　　　视平线

倒影

2　倒影与物体的透视关系相吻合，共用
　相同的消失点；不同的是，倒影有时
　会反映出人的视角看不到的面

3　倒影也会反映物体的明暗关系，多数情况下，
　倒影的明度都比较低

倒影的形成

2. 波动的水体

　　日常生活中，水体并非完全平静，往往会略微泛起波澜，水面波动较大的时候，倒影长度和物体自身长度的差距变大，且倒影形状模糊。建筑手绘表现图中的水面常用短直线和波纹线组合表现，短直线代表平静，波纹线代表波动，排线的疏密与水岸上构筑物、植物等元素的光影关系相关，也受水面的远近关系的影响。

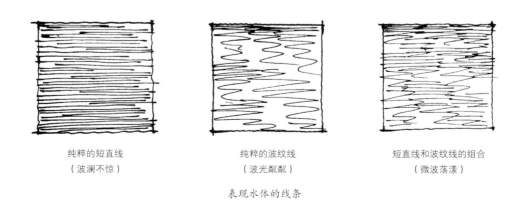

纯粹的短直线　　　　　　　纯粹的波纹线　　　　　短直线和波纹线的组合
（波澜不惊）　　　　　　　（波光粼粼）　　　　　　（微波荡漾）

表现水体的线条

有水体的建筑手绘表现图

有水体的建筑表现图（林德霍夫城堡）

四、人物

人物是建筑手绘图中常用的配景元素，主要有两个作用：第一，使画面具有一些生动的气息，给看图者以亲和力；第二，人的位置、高低、动作等都会成为画面的尺度参照，使看图者对建筑的体量产生直观的视觉感知。因此，人物的画法也值得大家学习和钻研。

1. 人物的比例关系

控制好人物的形体比例是画好人物的关键所在，下图即为常见人物形体比例关系（设定头长为 L）。

大部分成人的身高约等于 7 倍的头长（头部长度），肩宽约等于 2 倍的头长，腹部到膝盖的长度和膝盖到脚后跟的长度都约为 2 倍头长，手臂的长度约为 2 倍的头长

人的形体比例

2. 人物的局部

遵照基本的人体比例关系，我们还需要简要了解人的局部表现方法，归纳为面部、躯干、上下肢、服饰等四个知识点。

① 面部

大部分成人的面部基本符合以下规律：眼睛的位置在整个头部的 1/2 处，发际线到眉毛、眉毛到鼻底和鼻底到下巴的距离基本相等，耳朵的长度约等于眉毛到鼻底的距离，面部的宽度大约是 5 倍的眼睛长度。画人物面部的时候，尤其应当注意五官的位置和明暗关系。

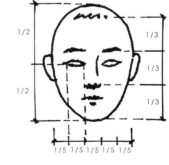

面部比例

近景和远景人物面部

② 躯干

男性的躯干宽厚、结实，线条硬朗；女性的躯干柔美，线条多呈"S"形。二者简化之后亦然。

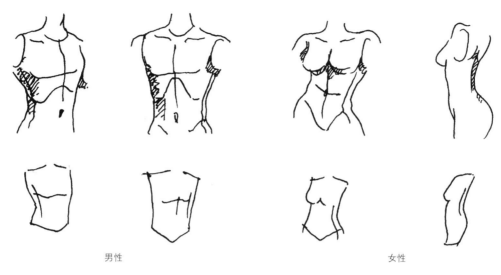

男性　　　　　　　　　　　　　　　　　女性

男女躯干的详、简画法

③ 上下肢

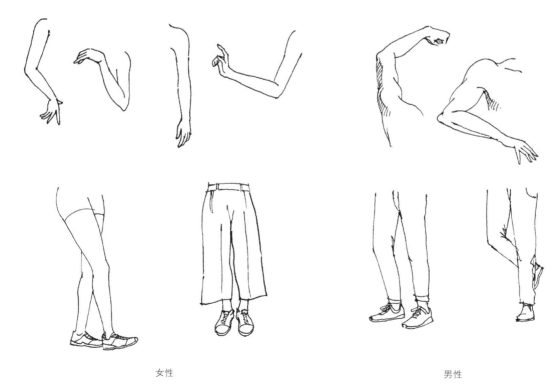

女性　　　　　　　　　　　　　　　　男性

上下肢动作画法

④ 服饰

服饰画法举例

3. 手绘表现中的人物画法

① 人视角与非人视角的人物表现

人视角的手绘图中，我们将人的身高视作近似基本相同，不论距离远近，眼睛的位置可以控制在视平线上，身高和形体符合近大远小的规律，细节的表现符合近实远虚的规律。

扫码，看人视角与非人视角的人物表现技法

第一步

第二步

第三步

第四步

人视角下手绘人物画法

非人视角的手绘图中，我们尽量参照场景中尺度较为明确的建筑物进行人物的比例控制。

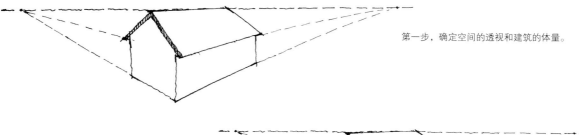

第一步，确定空间的透视和建筑的体量。

第二步，倘若要在 B 位置画出一个比例
合适的人物，我们可以先在建筑墙边，参
照建筑尺度画一个比例合适的人物，并延
长透视线作为参考线。

第三步，连接 B 至消失点，与
A 延长的透视线相交于 A'，
在 A' 处参考透视线画一个合
适比例的人物。

第四步，将人物沿着透视
线放大比例移至 B 处即可。

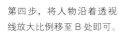
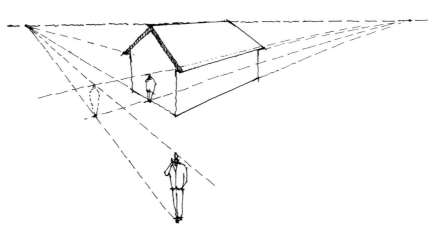

非人视角下手绘人物画法

② 近景、中景、远景的人物表现

近景、中景人物手绘案例

从近景到远景，人物的
细节逐渐地减化和概括

中景、远景人物手绘案例

人物虽多但并非画面的
重点，所以要概括表现

上海田子坊手绘表现图

五、车辆

　　手绘表现图中的车辆可作为配景元素营造画面氛围。比如，想要表现建筑与道路的关系，增添若干车辆即可更充分地表现道路和建筑的尺度关系。另外，车辆的尺度和形态，本身就是人机工程学运用的经典案例，值得大家描摹和体会。因此，尝试去画车辆，对绘图者造型能力的提高有一定的帮助。

1. 车辆绘制步骤范例

① 范例一：小轿车

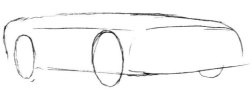

第一步，绘出车身空间。

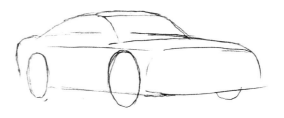

第二步，绘出驾驶空间。

第三步，完善细节。

第四步，完善构造。

第五步，增加明暗至成图。

小轿车绘制步骤

小轿车手绘表现图

② 范例二：小型客车

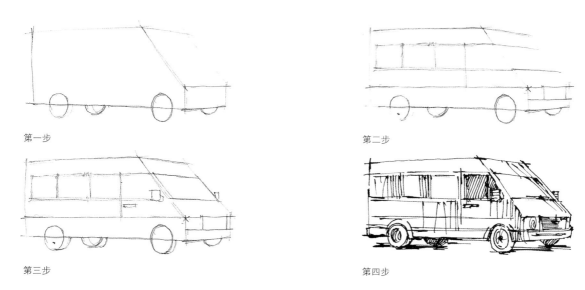

第一步

第二步

第三步

第四步

小型客车绘制步骤

2. 更多车辆绘制案例

多角度，近景、远景汽车手绘案例

欧洲街头场景中的车辆手绘表现

六、其他

1. 石头

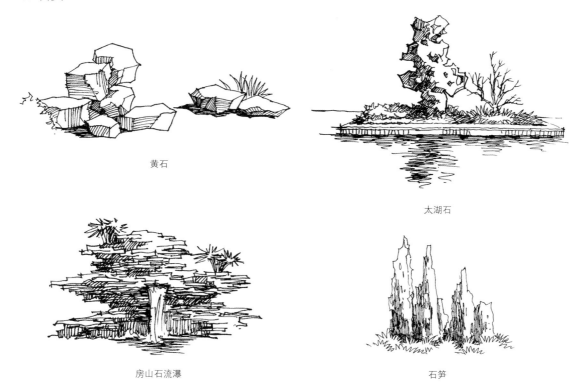

黄石

太湖石

房山石流瀑

石笋

常见石头画法

扫码，看石头画法讲解

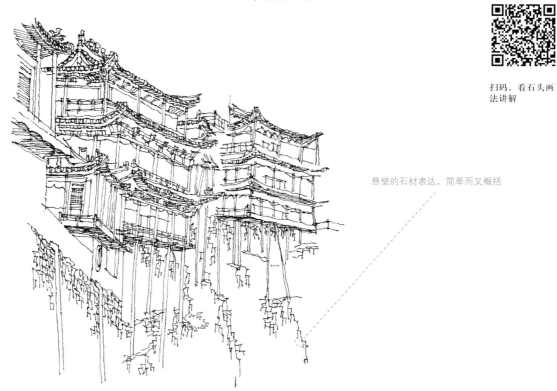

悬壁的石材表达，简单而又概括

山西悬空寺手绘表现图

2. 公共设施

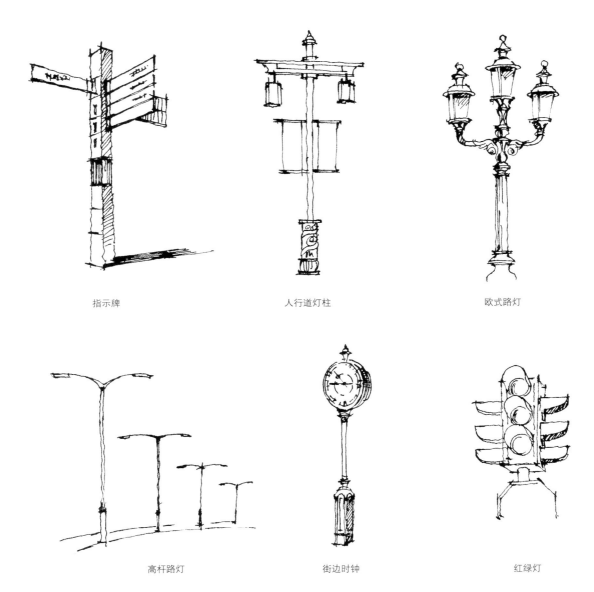

指示牌　　　　　　　　人行道灯柱　　　　　　　欧式路灯

高杆路灯　　　　　　　街边时钟　　　　　　　　红绿灯

树池坐凳　　　　　　　　　　　　　树池坐凳

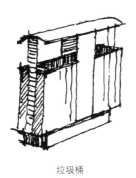

垃圾桶

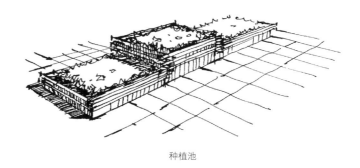

种植池

公共设施手绘案例

扫码，看绘制过程

匈牙利布达佩斯铁索桥手绘表现图

3. 船舶

船舶手绘案例

加拿大多伦多港口手绘表现图

4th
CHAPTER

建筑手绘表现的
构图类型

一、构图原理
二、构图形式

F r e e h a n d
page082 建筑手绘表现
S k e t c h i n g

一、构图原理

　　若想画好一张建筑手绘表现图，除了要熟练运用手绘的基本技法和掌握各类配景元素的画法外，取景和构图的好坏也起到了关键的作用，甚至决定成败。

　　构图的基本原理，就是利用画面元素的空间位置、大小比例、形态特征、数量、虚实等因素去创造一个让看图者视觉舒适的画面布局。建筑手绘表现的构图原理，核心导向是既能表现建筑，又能不失美感地烘托整个画面的环境氛围，其理论依据是人的视觉习惯和心理反应机制。

视平线位置

人视角的表现草图，一条路延伸至画面之外，令观者产生代入感

视平线位置

高于人视角的表现草图，可见广袤环境

视平线位置

低视角的表现草图，彰显建筑所在的地形特征

不同视角的建筑表现草图

　　在了解构图形式之前，我们要先明确人的视高对于画面视觉效果的影响。人视角的视高一般为1.6m，以人视角去绘制建筑表现图，是最常用的表现方式，它既可以使画面有一定的亲和力，又可以更直观地展示建筑体量；高于人视角的视高（包括鸟瞰），视平线很高，甚至高出画面，因而有利于展现建筑的平面布局和大环境；低于人视角的视高（可以为0m），则是为了凸显建筑的宏伟感，或者是表现建筑地势地貌。

　　注意，此处提到的不同视高构图方式，和后文提及的构图原则并不冲突。

二、构图形式

1. 横向构图

横向构图的主要特点是主体物沿着水平方向展开，常规情况下，人视角的视平线控制在画面竖向的 1/2 以下、1/3 以上位置，其他视角另作考虑。由于人在观察图面的时候，一般会从左向右横向扫视，所以，横向构图的优点是稳定、舒展。在使用此类构图的时候，一般将视觉中心控制在画面中部。

横向构图示意

扫码，看横向构图视频讲解

横向构图建筑手绘表现案例一

横向构图建筑手绘表现案例二

2. 纵向构图

纵向构图的主要特点是画面中的主体物借助于纵向垂直的画面元素进行上下布局，视平线的选取方式与横向构图相同。纵向元素的并列会产生横向聚拢的视觉效果，看图者的视线更易于被主体建筑物吸引，从而达到凸显主体的目的。

纵向构图示意

扫码，看纵向构
图视频讲解

纵向构图建筑手绘表现案例一

纵向构图建筑手绘表现案例二

3. 对称构图

顾名思义，对称构图就是利用画面的对称关系来达到均衡稳定效果的一种构图形式。其视觉中心往往落在画面的中部，也可以向左或向右略作调整。同时，利用一些不影响大局的不对称元素，可以打破过分对称而产生的呆板，使画面显得活泼。

对称构图示意

扫码，看对称构图视频讲解

对称构图建筑手绘表现案例一

对称构图建筑手绘表现案例二

4. 对角构图

对角构图就是将建筑主体元素按照画面对角线的趋势进行布局，一改前文所述的几种构图形式的平衡感。对角构图的形式既可以是从画面的左上到右下，也可以从画面的右上到左下。

对角构图示意

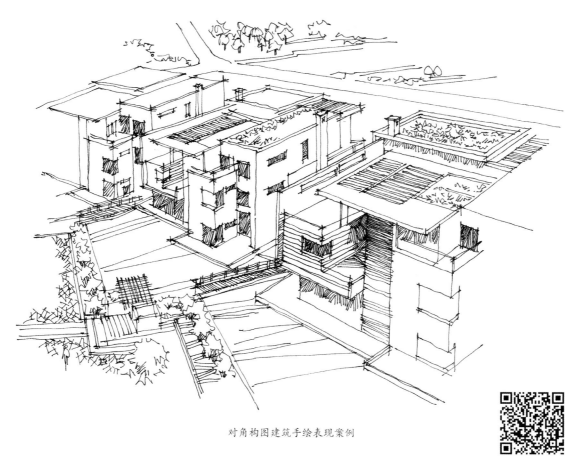

对角构图建筑手绘表现案例

扫码，看对角构
图视频讲解

5. 三角构图

三角构图是将画面中的主体元素按照三角形布局，通过视点的移动、视角的扩大或缩小、视高的升降，使主体物呈现中部高、两边低的状态，整个画面达到平稳、安定的视觉效果。

三角构图示意

---------- 尖塔为三角构图的制高点

三角构图建筑手绘表现案例一

扫码，看三角构
图视频讲解

三角构图建筑手绘表现案例二

框景构图示意

6. 框景构图

　　框景构图是借助近景元素的框状形态框定主景、控制看图者的视线范围，从而凸显画面主体的一种构图形式。框状的近景元素常常需要调低明暗对比度，以免影响主体物的明暗关系。

扫码，看框景构图视频讲解

框景构图建筑手绘表现案例一

框景构图建筑手绘表现案例二

7. 三等分线构图

将画面的长边和宽边各分成三等份，按照"井"字搭建辅助线，辅助线上的四个交点位置均可任选其一设置为视觉中心，这就是三等分线构图的基本技巧。三等分构图相较于其他构图更显活泼、自然。

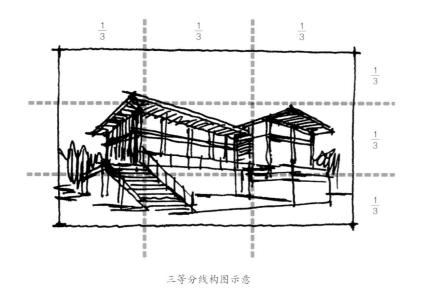

扫码，看三等分
线构图视频讲解

三等分线构图示意

三等分线构图建筑手绘表现案例一

三等分线构图建筑手绘表现案例二

三等分线构图建筑手绘表现案例三

以上各种构图形式可以供绘图者依据不同的情况使用。应注意它们之间并不是相互孤立的，很多情况下都会或多或少产生关联。例如，对称构图案例二可以看作是对称构图的布局形式，同时，它也呈现了横向构图的舒展效果；三等分线案例一既符合三等分线构图的形式，也可以按照三角构图来理解。因此，我们要灵活运用构图形式，触类旁通。

5th

CHAPTER

建筑手绘表现的
上色技法

一、马克笔、彩铅上色技法

建筑手绘表现上色之前，要先能够画出一张工整、漂亮的建筑线稿，甚至可以说，线稿质量的好坏直接决定了一整张图的成败。在线稿之后，就需要对马克笔和彩铅做深入了解并熟练运用，才能把颜色上好。

1. 马克笔上色技法

① 马克笔的属性

马克笔有水性马克笔、酒精马克笔和油性马克笔三类。初学者以酒精马克笔和油性马克笔为首选，因为这两种马克笔都易于叠加。酒精马克笔价格更低廉，油性马克笔颜色更自然。

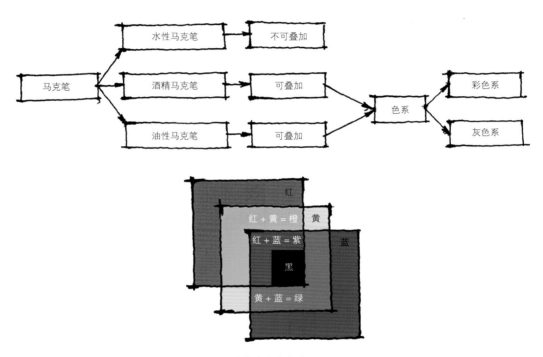

马克笔的基本属性

② 马克笔上色的基本原则

由于马克笔的配色模式是基于色彩三原色的基本原理，因此，我们在选用颜色的时候，应谨记以下几个基本原则。

● 马克笔颜色的明度和纯度要适宜，不宜太高。纯度太高会显得不真实，甚至产生儿童画的感觉。如右图中第一列颜色即属于纯度过高的颜色，手绘表现中不宜使用。

● 马克笔要分色系选色，例如蓝色系、黄色系、红色系、绿色系、紫色系等，每个色系的颜色，以同类色或者邻近色为主。

颜色的纯度不宜太高

● 马克笔上色要一步到位，切忌试图用超出邻近色的颜色混合调配产生某种颜色，这样颜色很容易变"脏"。如下图中的混合颜色，要比右侧直接画出来的绿色浑浊。

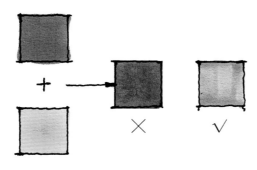

混合的马克笔颜色浑浊

③ 马克笔笔触的影响因素

马克笔笔触的形状和深浅受三个因素的影响，即用笔的角度、用笔的速度和叠加的次数。

● 用笔角度。

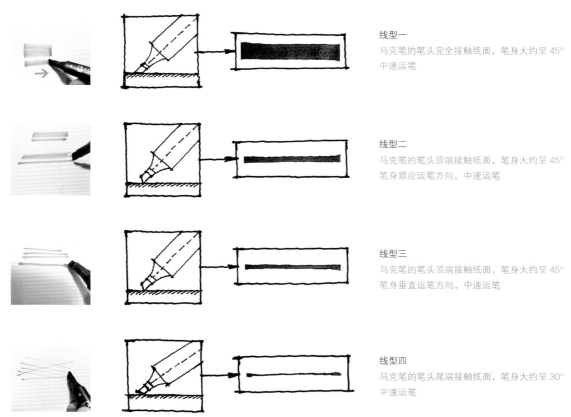

线型一
马克笔的笔头完全接触纸面，笔身大约呈45°
中速运笔

线型二
马克笔的笔头顶端接触纸面，笔身大约呈45°
笔身顺应运笔方向，中速运笔

线型三
马克笔的笔头顶端接触纸面，笔身大约呈45°
笔身垂直运笔方向，中速运笔

线型四
马克笔的笔头尾端接触纸面，笔身大约呈30°
中速运笔

不同的用笔角度会产生四种不同的线型

扫码，看四种线
型画法演示

● 运笔速度。

扫码，看运笔速
度表现技法

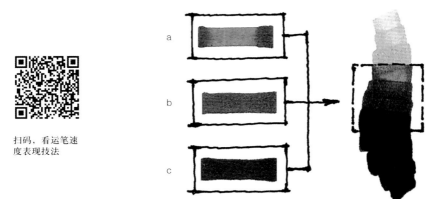

同一支马克笔，如果运笔速
度不同，会产生不同明度的
色调
a 的运笔速度比 b 快，则 a
的颜色明度更高；而 c 是又
叠加了一层的笔触，颜色比
b 又深了一些

速度和叠加次数会影响笔触的颜色

● 叠加次数。

一支马克笔可以画出四种线型、三种明度的色调，足见马克笔极强的表现力。最后，我们还需掌握
马克笔常用的几种叠加技法。

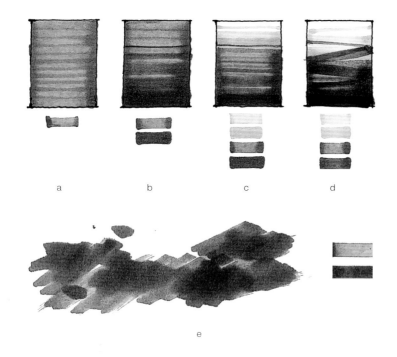

a. 单色单层平铺
b. 浅色平铺、深色渐层叠加
c. 浅色渐层平铺、深色渐层叠加
d. 浅色渐层平铺、深色渐层叠加，
   方向做变化
e. 浅色乱序平铺、深色乱序叠加，
   半干状态下形成褪晕

扫码，看叠加技
法演示

马克笔常用叠加技法

2. 彩铅上色技法

彩铅可以单独用来表现建筑手绘，也常与马克笔搭配使用。彩铅颜色的深浅受用笔力度的影响，其表现力相对于马克笔更加柔和，但填色速度略慢，质感也更粗糙，因而，与质感润泽的马克笔搭配使用，二者可以互相弥补、相得益彰。

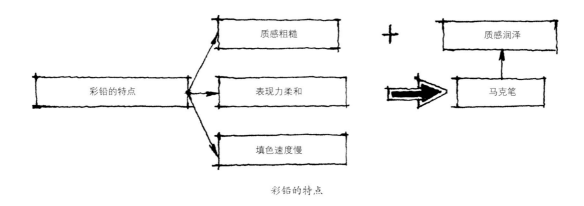

彩铅的特点

在这里，我们还要特别关注一下彩铅的渐层画法。在力度均匀变化的前提下，彩铅的涂色可以做到各种颜色无缝对接（此处包括水溶画法），这也是彩铅表现力柔和的魅力所在。

彩铅的渐层画法

扫码，看彩铅笔
触画法示范

彩铅可针对不同的材质和界面绘制出各具特点的笔触，以下几种彩铅的笔触画法供大家参考学习。

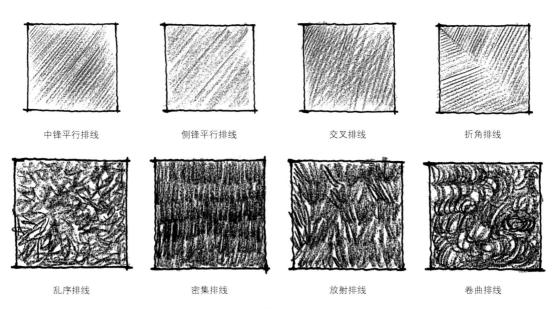

中锋平行排线　　　　侧锋平行排线　　　　交叉排线　　　　折角排线

乱序排线　　　　　　密集排线　　　　　　放射排线　　　　卷曲排线

常见彩铅笔触画法

二、建筑手绘上色中的常见问题

在进行建筑手绘表现图的上色时，初学者对如何选择马克笔和彩铅往往会有一些疑惑，但工具选择的合适与否，会直接影响上色水准的高低。我们在这里以问答的形式提供一些参考意见，希望可避免初学者在上色工具的选购和使用中，因盲目而造成的不必要浪费。

问题一：马克笔常用配色大致分为哪些色系？都有哪些用途？

答：建筑手绘中常用的几种配色及其用途大致可以描述为以下几类，绿色系用来表现植物；蓝色系用来表现玻璃、天空和水；棕黄色系用来表现木质材料；灰色系用来表现混凝土、砖石等材质。

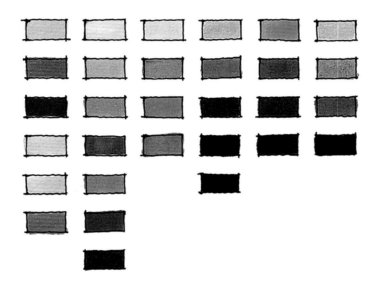

马克笔常用配色

问题二：彩铅常用配色大致分为哪些色系？都有哪些用途？

答：建筑手绘中，建议选用水溶性彩铅。彩铅的色系分类基本上与马克笔相同，即黄色系、绿色系、蓝色系、灰色系等，两者时常会搭配使用。

彩铅常用配色

问题三：表现图的上色过程中，马克笔和彩铅如何做到各司其职？

答：手绘表现图中，马克笔的颜色起到主导作用，彩铅基本上是起到润色、虚化和过渡的辅助作用。马克笔的颜色和笔触比较润泽，适合表现光洁的材质，马克笔涂底色配合使用彩铅，适合表现粗糙的材质。

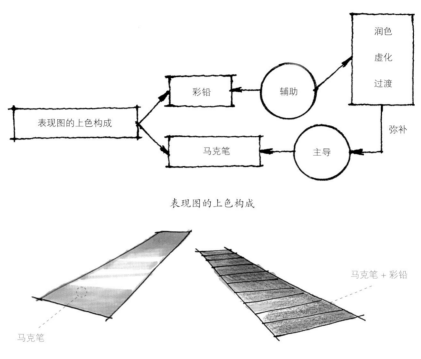

表现图的上色构成

光滑的材质和粗糙的材质上色案例

问题四：马克笔配色时最忌讳的是什么？

答：手绘表现图中，依照景别的不同，颜色可能会出现冷暖变化。马克笔在配色时，一定要尽量做到冷色和冷色一起用、暖色和暖色一起用。切忌冷暖色混用，因为这样一来，颜色特别容易变"脏"。

问题五：初学者会对用马克笔上色感到生疏，如何循序渐进地练习？

答：马克笔相对于钢笔来说，使用率确实低了一些，这也导致大部分初学者感到较难上手。建议按照以下顺序进行上色训练。

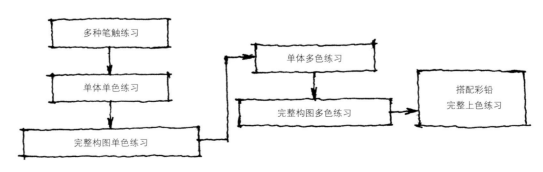

马克笔上色练习步骤

三、马克笔单色训练

经过本章第一节的学习，我们了解了马克笔的基本笔触及其影响因素，应将前文第 97～98 页中提到的基本笔触，特别是几种马克笔叠加的画法做相应练习。当我们能够熟练绘制马克笔的多种笔触之后，就可以尝试用单色马克笔去表现具有明暗关系的体块，这是一种很有必要的基础训练。

1. 单个体块单色训练

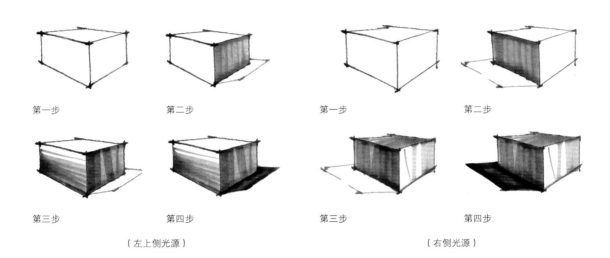

第一步   第二步   第一步   第二步

第三步   第四步   第三步   第四步

（左上侧光源）   （右侧光源）

扫码，看单个体块
左侧光源绘制过程

第一步，用马克笔按照透视关系勾画体块轮廓。
第二步，马克笔填充暗部颜色，注意方向要整齐，边缘要整齐。
第三步，勾画投影轮廓，渐层铺画次亮部，叠加加深明暗交接线。
第四步，填充投影颜色，注意笔触方向，成图。

马克笔的单个体块训练（左上侧光源）

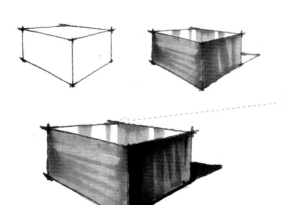

反光表面的体块画法，还要
多加一层竖向的反光笔触

扫码，看单个体块
反光表面绘制过程

马克笔的单个体块训练（反光表面）

2. 多个体块单色训练

完成了单个体块的马克笔单色练习后，我们可以尝试进行多个体块的马克笔上色训练。注意多个体块的透视关系，要符合透视基本原理。

扫码，看绘制过程

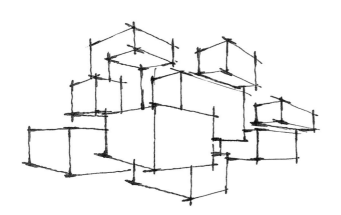

第一步，先用马克笔的第四种线型（参照第97页），按照两点透视的空间关系勾勒形体的轮廓。

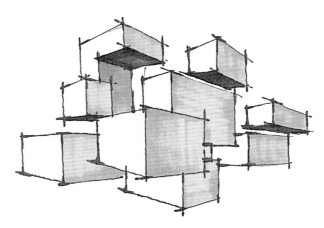

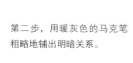
第二步，用暖灰色的马克笔粗略地铺出明暗关系。

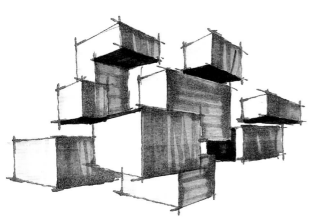

第三步，从浅灰到深灰，进行快速、准确的笔触叠加，强化明暗交界线，填涂投影。

马克笔的多个体块训练

3. 不规则体块单色训练

除了进行体块练习，对于画面中的植物元素的画法，初学者也应当予以充分的重视。由于植物的形态相对更不规则，因此，我们在绘制的时候要用到前文所提到的"乱序笔触"的画法（参照第98页马克笔常用叠加技法中的 e）。在熟练掌握乱序画法的前提下，我们就可以依照植物的光影关系来绘制植物单色稿了。

扫码，看植物的
单色表现

第一步，先勾勒植物的外轮廓，包括树冠、树枝和树干，确定基本的形体关系。

第二步，用浅色马克笔进行初步的涂色，注意笔触不宜太干，按照明暗关系控制褪晕的位置。在树冠的背光部分，进行一些叠加。

第三步，用深色的马克笔进行第二次乱序笔触的叠加，进一步加强明度对比。刻画树枝和树干的背光部分，让植物的形态更完整。

植物单色训练

4. 建筑场景单色训练

掌握了体块和植物的笔触画法，我们就可以用马克笔单色绘制完整构图的建筑场景了。

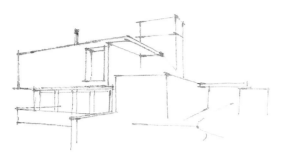

第一步，用线条构建空间框架。

第二步，宽笔触铺填基本的光影。

第三步，不规则笔触表现植物。

第四步，完善细节。

完整构图的马克笔单色建筑表现步骤

最后，再出示 3 幅建筑单色手绘表现的案例供大家临摹训练。

景观建筑单色手绘表现图

中式古建筑单色手绘表现图

西方古建筑单色手绘表现图

四、马克笔组合色表现

1. 建筑手绘中常用的组合色

经过马克笔的单色训练，我们基本上掌握了马克笔的笔触与叠加的技法，但尚有一些技法需要在实践中不断地去尝试、发现。随着经验的积累，我们会逐渐地体会到马克笔的诸多属性，这也是一个熟能生巧的过程。

接下来，根据建筑表现场景中的几种常见类型元素，我们整理出一些常用元素的组合色表现案例供大家学习（以法卡勒品牌的马克笔为例），帮助初学者实现从单色表现到组合色表现的过渡，掌握更多、更真实、更细致的元素材质的表现。

① 石材

常见石材材质表现案例

② 玻璃

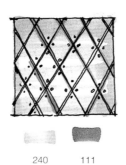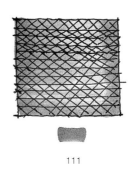

240　　241

240　　111

111

常见玻璃材质表现案例

③ 金属

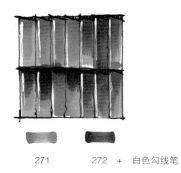

271　　272　+　白色勾线笔

常见金属材质表现案例

④ 木材

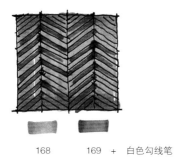

168　　169　+　白色勾线笔

常见木材材质表现案例

⑤ 植物

23　　　26　　　30

常见植物质感表现案例

扫码，看常见植
物质感表现技法

⑥ 水体

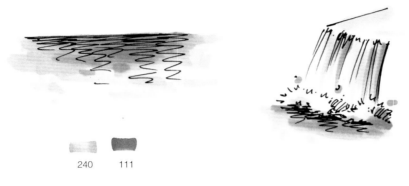

240   111

扫码，看常见水
体质感表现技法

常见水体质感表现案例

⑦ 天空

240

常见天空质感表现案例

2. 用组合色表现体块、质感

在熟悉了各种元素的组合色表现技法之后，我们继续尝试绘制不同材质的体块，将光影与质感结合起来，利用马克笔的叠加、退晕技法深入刻画。

240   270   144

111   272   149

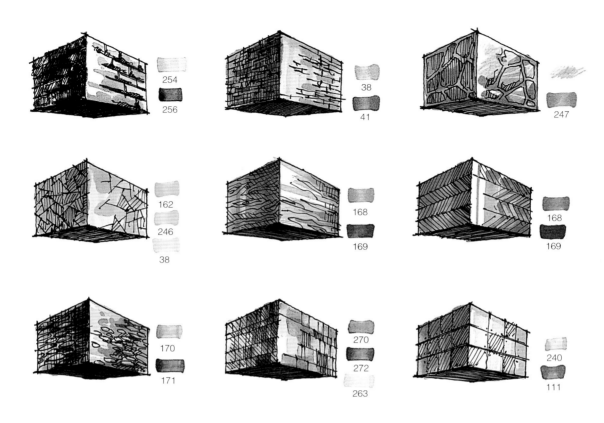

不同材质体块的表现案例

3. 建筑单体组合色训练

最后，以2组范图为例，展示建筑单体的马克笔组合色表现练习。请参照范图的绘制步骤进行上色表现，注意马克笔的笔触和整个画面的光影关系。

① 范例一

第一步，先画出建筑的墨线稿，与之前的纯粹墨线稿表现略有不同，即概括性更强，对少量的灰面做省略处理。

第二步，用灰色系的马克笔确定主体物的基本黑白灰关系，注意颜色不宜太深，而且，笔触应当顺应形体的构造、透视方向。

第三步，为画面中的其他元素上色，一定要注重同类色的选用，否则画面会变"花"，上色的顺序依然是从浅到深。

扫码，看马克笔
上色示范与讲解

第四步，强化画面的对比关系，加入深色的成分进行叠加，此时，要注意叠加的次数、时机、笔法等，规则的物体和不规则的物体用其相应的笔触技法来绘制。最后，用高光笔提亮留白，补充细节，成图。

建筑马克笔组合色表现一

② 范例二

第一步，按照两点透视原理，竖向构图刻画建筑的线稿，注意台阶的透视应按照斜面透视原理绘制。

第二步，用冷灰、暖灰给建筑和台阶上色，上色对象的形态是规则的，因而马克笔的笔触也应该是规则的，同时，受光最多的面要留白。

第三步，对画面的木质、玻璃、植物进行上色，针对不同的质地，用不同的方式、在恰当的时机进行马克笔笔触的叠加。

建筑马克笔组合色表现二

第四步，强化画面的对比关系，加入深色的成分进行叠加，此时要注意叠加的次数、时机、笔法等，对于规则的物体和不规则的物体，
应当分别运用相应的技法来绘制，最后，用高光笔提亮留白，补充细节，成图。

6th

CHAPTER

建筑手绘表现的
分步解读

一、中国古建筑的手绘表现

1. 案例一

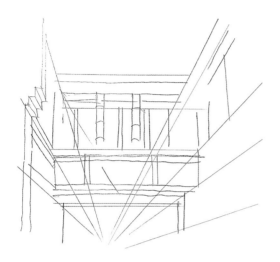

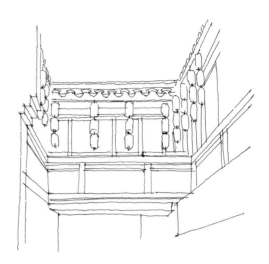

第一步，搭建建筑的一点透视关系，按照视平线和消失点的
位置画出建筑主要边线的汇聚线，再画出建筑的主要轮廓线，
以形成基本的空间关系。（工具：铅笔）

第二步，依照上一步的基本轮廓，深化画面细节，注意建筑
的构件、构造的形状，须具备一定的建筑构造知识。（工具：
钢笔 / 针管笔）

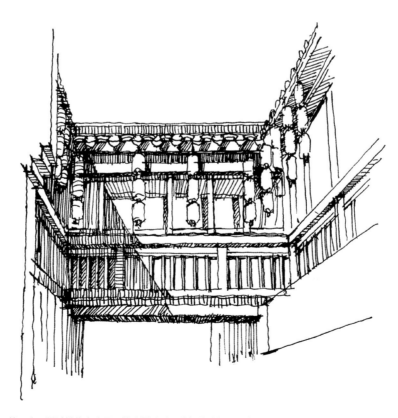

第三步，通过排线表达画面的光影关系，暗部排线相对紧密，受光部排线相对松弛。灯笼的
表面排线要顺应灯笼表面的弧度。注意落在建筑表面上的左侧投影，要符合建筑表面的凹凸
变化规律。（工具：钢笔 / 针管笔）

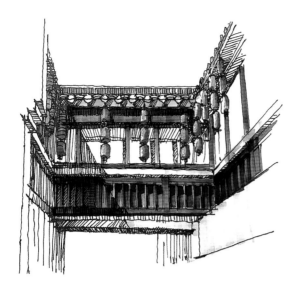

扫码，看古建筑手绘表现上色示范

第四步，为建筑填充基本的颜色，主要用的是木质色系、灰色系、红色系。其中，灯笼的背光面用马克笔填色，受光面用彩铅填色并留白。（工具：马克笔、彩铅）

第五步，在基本的明暗关系交代清楚的前提下，继续叠加深色的马克笔，玻璃的上色一定要速度快、叠加少。最后用白色水性笔提亮高光。（工具：马克笔、白色水性笔、彩铅）

中国古建筑手绘表现案例一

2. 案例二

第一步，找到视平线的位置，在视平线上找到左右两个消失点，将古建筑的透视关系交代清楚。（工具：铅笔）

第二步，勾勒建筑物的基本轮廓，线条要平稳准确且符合两点透视的关系。刻画植物的基本轮廓，确定植物叶丛的范围、形状。（工具：钢笔/针管笔）

第三步，继续细化画面元素，对建筑的构造、构件进行翔实表现，抓住配景植物的叶形特点进行描绘。排线表现空间的明暗调子，区分出黑白灰。（工具：钢笔/针管笔）

扫码，看古建筑
上色示范

第四步，使用灰色系和棕色系马克笔对古建筑的材质进行上色，尤其注意马克笔笔触的方向要顺势，
颜色的叠加要逐渐深入。（工具：马克笔）

第五步，给植物上基本色，注意所选的绿色系色彩的饱和度不宜过高，水面颜色的选用也是如此。（工具：马克笔）

第六步，对画面中的元素进行第二、三层的同类色叠加，强化明暗调子。植物的表现要符合各类植物叶丛的质感，天空的笔触应当在序列中略作变化处理。最后，使用高光笔勾勒画面的"白"，作点睛处理。（工具：马克笔）

中国古建筑手绘表现案例二

3. 案例三

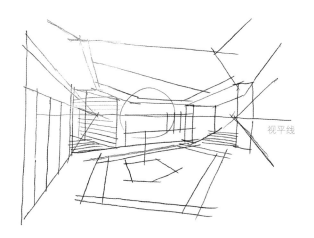

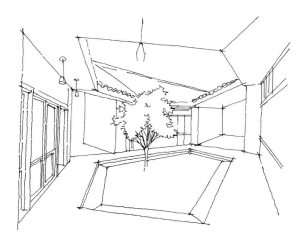

第一步，找出视平线，构建空间透视关系。初步定位空间元素的界面、范围、位置。注意两侧消失点都居于画面的视平线上。（工具：铅笔）

第二步，画出建筑的主要轮廓线和各个元素的轮廓线，要注意线条干净、用笔沉稳。（工具：钢笔）

第三步，继续细化画面元素，用排线塑造明暗、形体。此时，空间的每个界面都已形成，建筑的风格也通过墨线稿表现了出来。（工具：钢笔／针管笔）

第四步，为画面的建筑体铺色，以浅暖灰色铺地面，以中灰色涂墙面和瓦片，此外还应注意木质元素颜色处理。（工具：马克笔）

第五步，叠加第二层深灰色和深木色，强化画面的明暗调子。画面中的植物，受光部分用暖绿色，背光部分用冷绿色。（工具：马克笔）

第六步，继续深入表现建筑的光影、质感，选用同类深深色画出元素的投影。（工具：马克笔 / 彩铅）

中国古建筑手绘表现案例三

二、西方古建筑的手绘表现

1. 案例一

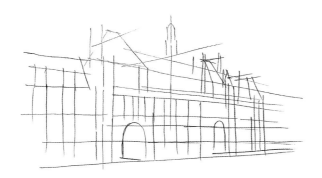

第一步，确定画面视平线的位置，画出两点透视的控制线。将画面的大块面定出基本的范围。（工具：铅笔）

第二步，画出主体物的基本外轮廓，定出窗户、拱门、路灯的位置和形状。（工具：钢笔 / 针管笔）

第三步，细致刻画画面的各个元素，力求结构准确。画出配景中的人物形态。由于建筑的结构比较复杂，因而整体的墨线稿以各个元素的轮廓线为主，适当忽略明暗调子。（工具：钢笔 / 针管笔）

扫码，看西方古
建筑上色示范

第四步，墨线稿画完后，用浅灰和蓝色铺主体物基本的固有色。（工具：马克笔）

第五步，叠加第二层深色，表达出画面的基本明暗调子。按照一定的顺序给天空铺色，完善画面的图底关系。（工具：马克笔）

第六步，继续叠加深色，把画面的黑白灰区分出来。建筑体的背光部分可填涂淡淡蓝色的环境色。（工具：马克笔、彩铅）

西方古建筑手绘表现案例一

2. 案例二

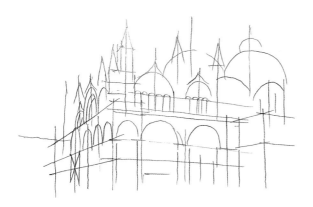

第一步，依据两点透视原理确立画面的空间感。（工具：铅笔）

第二步，画出主体建筑的基本轮廓，注意拱门的圆要符合图形透视规律。（工具：钢笔／针管笔）

第三步，排线表达画面的明暗调子，前景人物以基本外轮廓的形式表现。（工具：钢笔／针管笔）

扫码，看西方古
建筑上色示范

第四步，填涂灰色、黄色等基本颜色，用彩铅渐变的方式铺天空颜色。

第五步，马克笔逐层深入，将建筑物的门、窗、墙面的暗部加深，以表现出建筑的表面肌理。（工具：马克笔、彩铅）

第六步，完善细节，并用马克笔填涂天空的颜色。（工具：马克笔、彩铅、高光笔）

西方古建筑手绘表现案例二

三、现代建筑的手绘表现

1. 案例一

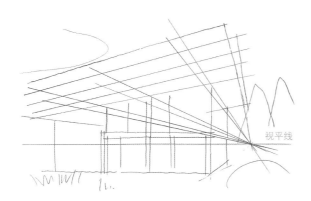

第一步，定出视平线及视平线上消失点的位置，消失点共有两个，其中左消失点在画面外。（工具：铅笔）

第二步，依照透视关系勾画建筑、植物元素的基本外轮廓，确定位置、大小、形态特征。（工具：钢笔 / 针管笔）

第三步，深入刻画画面元素，利用排线交代清楚光影关系。（工具：钢笔 / 针管笔）

扫码，看现代建筑手绘表现上色示范

第四步，填涂灰色、木色等基本的颜色。注意涂色的顺序应当从浅到深，再在左侧墙面上叠加画出植物的投影。（工具：马克笔）

第五步，进行第二、三层的深色叠加，注意笔触的方向要形成一定的序列感。（工具：马克笔）

第六步，完善画面的细节，并用高光笔提亮画面的受光面。（工具：马克笔、高光笔、彩铅）

现代建筑手绘表现案例一

2. 案例二

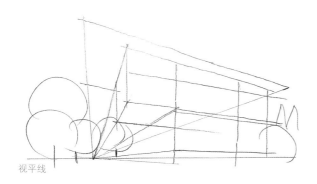

视平线

第一步，确定视平线及消失点的位置，其中右消失点在画面之外。搭建基本的形体。（工具：铅笔）

第二步，依照透视关系勾画建筑、植物元素的基本外轮廓，确定位置、大小、形态特征。（工具：钢笔／针管笔）

第三步，深入刻画画面元素，利用排线交代清楚光影关系。（工具：钢笔／针管笔）

第四步，填涂灰色、木色等基本的颜色。注意涂色的顺序应当从浅到深。（工具：马克笔）

第五步，进行第二、三层的深色叠加，注意笔触的方向要形成一定的序列感。（工具：马克笔、彩铅）

第六步，完善画面的细节，并用高光笔提亮画面的受光面。（工具：马克笔、高光笔、彩铅）

现代建筑手绘表现案例二

3. 案例三

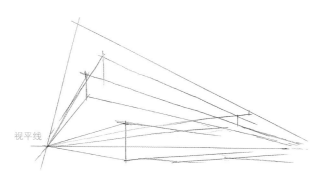

视平线

第一步，确定视平线及消失点的位置，其中右消失点在画面之外。搭建基本的形体。（工具：铅笔）

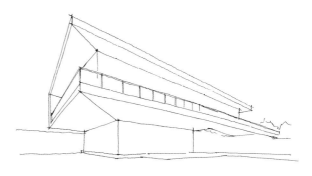

第二步，依照透视关系勾画建筑、植物元素的基本外轮廓，确定位置、大小、形态特征。（工具：钢笔／针管笔）

第三步，深入刻画画面元素，利用排线交代光影关系。大面积的水面上，要依照建筑的光影关系画倒影。（工具：钢笔／针管笔）

扫码，看现代建筑手绘表现上色示范

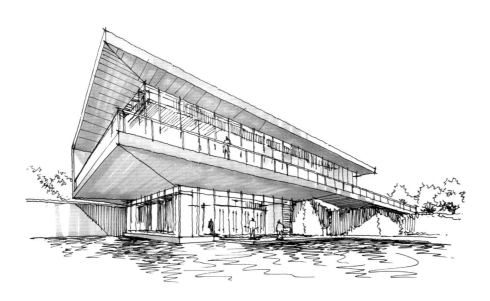

第四步，填涂灰色，注意涂色的顺序应当从浅到深。（工具：马克笔）

第五步，进行第二、三层的深色叠加，注意笔触的方向要形成一定的序列感。水面的笔触要自由、放松一些，叠加时以点状笔触为主。（工具：马克笔、彩铅）

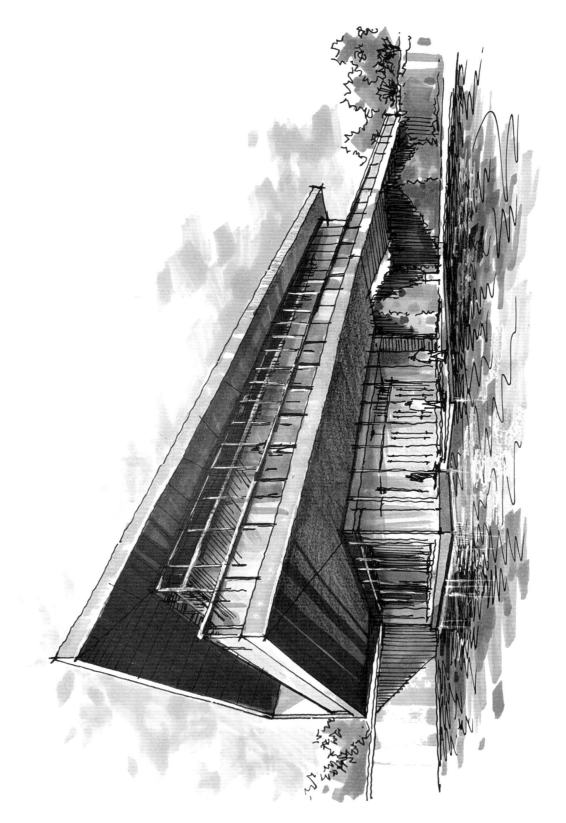

第六步，完善画面的细节，用高光笔提亮画面的受光面，用彩铅绘制建筑室内光色和水面倒影反光。（工具：马克笔、高光笔、彩铅）

现代建筑手绘表现案例三

4. 案例四

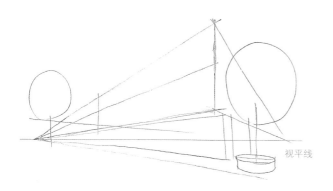

第一步，确定视平线及消失点的位置，搭建基本的形体轮廓。（工具：铅笔）

第二步，依照透视关系勾画建筑、植物元素的基本外轮廓，确定位置、大小、形态特征。（工具：钢笔／针管笔）

第三步，深入刻画画面元素，利用排线交代清楚光影关系。（工具：钢笔／针管笔）

第四步，填涂灰色、木色、蓝色，注意涂色的顺序应当从浅到深。（工具：马克笔）

第五步，进行第二、三层的深色叠加，注意笔触的方向要形成一定的序列感。彩铅与马克笔结合填涂植物。（工具：马克笔、彩铅）

第六步，完善画面的细节，并用高光笔提亮玻璃反光，用彩铅绘制近景草地及远景。（工具：马克笔、高光笔、彩铅）

现代建筑手绘表现案例四

5. 案例五

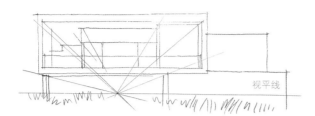

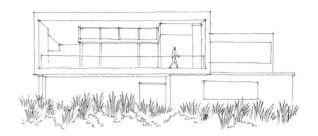

第一步，确定视平线及消失点的位置，搭建基本的形体轮廓。（工具：铅笔）

第二步，依照透视关系勾画建筑、植物元素的基本外轮廓，确定位置、大小、形态特征。（工具：钢笔／针管笔）

第三步，深入刻画画面元素，利用排线交代清楚光影关系。（工具：钢笔／针管笔）

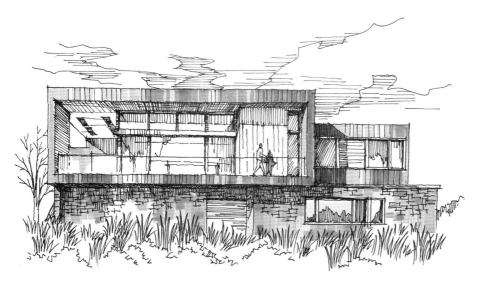

第四步，填涂灰色、木色，注意涂色的顺序应当从浅到深。（工具：马克笔）

第五步，进行第二、三层的深色叠加，注意笔触的方向要形成一定的序列感。填涂植物应当配合使用彩铅与马克笔。（工具：马克笔、彩铅）

第六步，完善画面的细节，再用高光笔提亮画面的受光面。（工具：马克笔、高光笔、彩铅）

现代建筑手绘表现案例五